UP
Collection

増補新装版

農学の思想

マルクスとリービヒ

椎名重明

東京大学出版会

UP Collection

The Ideas of Agriculture: Marx and Liebig

Shigeaki SHIINA

University of Tokyo Press, 2014
ISBN 978-4-13-006525-1

まえがき

公害問題等の深刻化につれて、人間にとって自然とは何かということが、自然にとって人間とは何かということとともに、考えなおされつつある。自然から切り離され、自然の破壊によってみずからの自然力がむしばまれ失われようとするとき、人びとは、人間が自然的存在であることを思い知らされるというわけである。

「無農薬農業」とか「有機農業」というような、昔の農民がきいたら驚くにちがいないようなものに対し、人びとが期待をよせ、「地玉子」や「取りたての野菜」のイメージをもとめて「産地直送」型の「生産と消費の直結」に喜びを見出したとしても、別に不思議ではない。ただ、そうしたことは、大地で鶏を飼い、清流に魚をもとめるのと同じく、誰にでもできるというわけではないし、また、そのことによって自分自身の欲望を充たすことはできても、問題の社会的解決にはならない。

公害や自然破壊の根本的原因は、われわれの社会においては人間と自然との物質代謝が商品形態をもって行なわれるという点にある。商品生産とは何よりも「価値」の生産であり、商品の有用性＝「使用価値」は、生産者のためのものではなく、それを購入する他人にとって意味があるにすぎない。そしてその「価値」によって、商品は交換され販売されるのであって、したがって「使用価値」の源泉をなす自然は無視され、人間と自然との物質代謝――すなわち、人間は自然との絶えざる交流の中でのみ生きられるという人間生存の必須の条件――が、ほかならぬ商品交換をもって実現されるという面は忘れさられる。

人口の集中と地価の昂騰、住宅問題にあえぐ都市に、工業廃棄物による耐えがたい汚染やゴミ公害があると同時に、「過疎」現象の起こっている農村には、農業の工業化や化学化があり、生産と消費の排泄物による汚染が同様に進みつつあるのであって、商品経済の上述のような本質を否定しえない以上、どのような「産地直送」も、都市住民の悩みを解決してくれそうにはない。なぜなら、農工分離＝都市と農村との分離や商品経済は、資本主義或いは近代社会そのものだからである。

資本主義経済を基礎とする近代社会に多くの積極面があること――或いは少なくとも、あったこと――は、今さらいうまでもないし、経済史は、主としてその面を歴史的に明かにしてきた。

ここでは、資本主義――とりわけ資本制農業――の消極面を、土地や人間の自然力、したがって土地と人間との物質代謝について、資本主義発達過程における農学者たちがそれをどのように把握してきたか、という点を思想史的に追求してみた。その意味では、本書は、価値視点において展開される資本主義発達史の半面を、使用価値視点から追ってみた、いわば資本制農業発達史の批判的展開である。

本書は、福島大学経済学部で行なった「農学概論」の講義に始まり、茨城県立農業大学校および私の所属する東京大学農学部の「農学史」の講義にいたるノートを土台としてまとめたものであるが、もとはといえば、私の病気の所産である。

第二章および第五章の大部分は、それぞれ『農法展開の論理』（農法研究会編、御茶の水書房）および『思想』（一九七五年五月号）に掲載されたものである。本書への収録に際し、ここに関係各位に謝意を表する次第である。

最後に、私にとってはほとんど不可能に近い入念な校正を行なってくれた堺憲一・津谷好人両君に深く感謝するとともに、本書を育て名前までつけて頂いた東京大学出版会の渡辺勲氏および編集部の方がたに、心から御礼を申しのべたい。

一九七六年七月

椎名重明

目次

序章　日本の農業と西洋の農業

一　ドイツ人のみた幕末の日本農業

ドイツ（プロシャ）の東アジア調査団の団員の一人として幕末に日本を訪れたマロン博士（Dr. H. Maron）は、当時の日本農業を視察して非常に感激し、「私たちは自分たちが文明人だとか洗練された国民だといううし、事実いろいろの団体やアカデミー、研究所、実験農場……等々をもち……最高の知識を農業に応用している」が、日本の農業をみては「しばしば深い羞恥の念にとらわれざるをえなかった」と告白している(1)。

彼がおどろいたのは、日本の農業が人糞尿と堆肥だけで非常に集約的に行なわれているということであり、しかも、水洗便所がなくても日本人の生活は充分に清潔だということであった。

「放牧地、多量の飼料作物、数えきれないほどの家畜の群、そして多量のグアノ、骨粉、油かす等の肥料の利用を特徴とするイギリス農業を……合理的農業の理想であり唯一の実現可能の形態とみなすことになれてきた……農業経営者にとっては、牧場も飼料作物も一頭の肉畜および役畜もなく、また、グアノや骨粉や硝石、油かすもなしに、高度に耕作が維持されているのをみることはこの上もない驚きである。だが、それが日本なのである」。

肥料のための家畜飼育という中間項なしに、「自分で食べて自分自身の肥料をつくる方がはるかに簡単」であるが、現実に、「日本においては人間が唯一の肥料製造者」である。

こうして彼は、日本の便所の構造から人糞尿肥料のつくり方、それの施肥方法にいたるまでをことこまかに叙述するとともに、「しかし、農民の地代は現物形態で地主や領主 **Verpächter oder Lehnsherrn** に支払われるから、自分の家の人糞尿だけでは地力消耗をふせぐに充分ではない。……しかも彼らは家畜をもたないから、藁、もみがら、お勝手のごみ、その他すべての廃物を、『動物化』**Animalisation** することなしに堆肥にして利用する」という点に注目する。そしてさらに、町から人糞尿を運んだり、道路に落ちている家畜の糞まで大事に集めることに感心するのである。

こうしてマロン博士は、日本の農業に「自然の諸力の完全な循環」**eine vollendete Circulation von Naturkräften** を見出し、「一作ごとの施肥」=「肥料なしには作物をつくらない」日本の農耕方式に、「収穫の安定性」と「何にもまして地代の確実なること」の理由をみるのである。彼によれば、土地に対する施肥という観点からする「家畜肥育という中間項」は、穀物とか馬鈴薯等々の商品化と同様、家畜の肉やバター、チーズ、牛乳、羊毛等が販売されるかぎり、そしてそれが肥料として再び土地にもどらないかぎり、結局はその分だけのマイナスになる。だから、「飼料作物が多ければそれだけ肉(畜)が多くなり、肉(畜)が多ければそれだけ肥料も多くなり、肥料が多ければそれだけ穀物も多くなる」"Je mehr Futter, desto mehr Fleisch; je mehr Fleisch, desto mehr Dünger; je mehr Dünger, desto mehr Körner" というイギリス流儀の複合経営 mixed farming も、かつてイギリスに旅行したときにはこの上もない教訓と思えたが、日本農業を目のあたりにみた今にして思えば、「想い起すだけで笑わずにはいられない」ということになる。

グアノとか骨粉、油かす等の持久性肥料なども、地力維持という点では、人糞尿と堆肥により一作ごとに施肥を行なう日本のやり方に比べればあまり合理的にはみえないし、アンモニアその他の人造窒素肥料にいたっては、「かくれた眠っている地力を目覚めさす」だけにすぎず、あたかも「銀行屋にたのんで一ポンド紙幣を一三シリングに両替してもらうようなもの」であり、「土地の価値」としての地力の観点からみれば、かえってマイナスになるというのであった。

マロン博士のこのような自然と人間との物質代謝に関する考え方には、後述するリービヒの影響がまぎれもなくあらわれているが、それと同時に、彼の地力概念には、当時のヨーロッパにおける地主階級の地代に関する考え方が明瞭に示されている。

「なるほどわれわれは……われわれのやり方で高い収穫をあげている。しかし、人は何よりもまず『耕作』Cultur の概念を明らかにしなければならない」。「もし『耕作』とは高い収益を永続的に——つまり土地資本の利子 Zins des Bodenkapitals として——ひき出すことだとすると、われわれの土地は耕作されているとはいえない……なぜなら、われわれは、特別の施肥方法をもって地力全体を自由に処分できるようにし、それによって高い収穫をえている」のであって、「それは利子ではなくて資本そのもの」の損失を意味するものだからである。

それゆえ彼は、「近ごろ流行の深耕 Tiefcultur」にしても、「耕土を深くすること」Vertiefung der Ackerkrume——すなわち、多量の施肥を行なうこと——なしに「深耕」だけしたのでは、ますます土地の資本に相当する地力そのものを減少せしめるにすぎないといい、さらには、「日本の農業が正真正銘の耕作」でヨーロッパの農業は「みかけだけの耕作」Scheincultur だというのである。

マロン博士によって対比されているのは、幕末の日本式「有機農業」とヨーロッパとりわけイギリスの「高度集約農業」（ハイ・ファーミング）——すなわち改良されたヨーロッパ的「有機農業」——である。それゆえ彼によれば、いわゆる「ノーフォク式輪栽農業」Norfolk rotation に代表されるような輪作体系も、結局のところは肥料の必要性に制約されたやむをえざる体系であり、しかも、畜産物をも含む農産物全体の商品化のもとでは、グアノとか骨粉、油かす等々の肥料の追加をもってしても地力を維持しえない不完全な体系である、ということになる。

なるほど人糞尿肥料とは「人間の体内を通過」した「土地の生産物が故郷にかえる」ことである以上、それを「追肥」Kopfdüngung の形で一作ごとに施肥することは自然の理にかなっているし、合理的でもある。しかしながら、そのような「家畜飼育という中間項」のない「有機農業」が、日本に特定の輪作体系を定着せしめない理由ともなったという点を忘れるわけにはいかない。なぜなら、人糞尿肥料と堆肥で充分であったということは、厩肥＝家畜飼育を必要としないということではなかったし、いわんや家畜飼育＝複合農業に結びつく輪作を実施しないということは、彼のいうように、日本の農民たちが「輪作体系から完全に解放され……自分の土地の真の意味の主人になっている」ことを意味するものではなかったからである。

(1)　この報告は、もともと *Annal. der preuß. Landwirtschaft*, Januarheft, 1862 に掲載されたものであるが、Justus von Liebig, *Die Chemie in ihrer Anwendung auf Agricultur und Physiologie*, 7 Aufl., 1862 の巻末の付録（Anhang K）の中に収録されている。ここではそれを利用した。
　ついでながら、この付録は、リービヒの上掲書第七版（一八六二年の改訂版）の後編だけを単行本の形で出版した英訳版 *Natural Laws of Husbandry*, ed. by John Blyth, 1863 にものっている。

二 日本式「有機農業」の問題点

ヨーロッパの農業における資本主義の発展が、地主たちに地力維持の必要性を――したがって自然の循環を維持することの必要性を――意識せしめたとともに、土地の合理的とりあつかいに関する農学を成立せしめたということは、きわめて興味深い。その点の詳細は後にのべることとして、ここでは次の二点を指摘しておきたい。すなわち、

(1)ヨーロッパ(とりわけイギリス)においては、資本制農業は土地所有と経営との分離(=借地農による資本主義的農業経営)という形で発展し、したがって土地に備わる自然力たる地力を最大限に活用し出来るだけ多くの利潤をあげようとする借地農の立場と、地力こそは年々の利子に相当する地代の源泉たる資本(元本)であるとする地主の立場が対立し合うところに、上述のような自然認識が必然化されたということ、および、

(2)そうした対立の現実的統一=双方の合意による借地契約にもとづく土地利用が、さし当りヨーロッパとりわけイギリスの「有機農業」、すなわち複合経営的輪作体系であったということ、以上である。

これに対し、マロン博士がみた日本農業の合理性は、水田灌漑を含め(1)「自然の諸力の完全な循環」が地力の消耗を抑制しているという点にあった。

しかし、彼が見落した重要な点は、まず第一に、そのような日本式「有機農業」は、徳川幕藩体制の高率現物地代に苦しむ零細農が、自己の肉体(労働)を犠牲にしてはじめて行ないえた、いわば外的に強制された、やむをえざる方法であったということであり、第二には、「チェントルマン・ファーマー Gentleman Landwirth がひとりもおらず、農業団体も学会も定期刊行物もなく、農家の息子はひとえに父親から学ぶ」にすぎないがゆえに、日本ではそうした自然観と地力維持の方法が、農学として客観化されなかったということである。そして実は、その点こそ、やがて現在のような「公害と自然破壊の先進地」といわれる日本の状態が農業にまで蔓延するにいたる基本的原因であったといってもよい。

高率の生産物地代と「田畑勝手作禁止令」のもとにあっては、上納米以外の農産物の商品化は制限され、したがって、人間が土壌栄養分の循環における「中間項」となり、堆肥をもって上納米分を補えば地力維持の目的は果たせたであろう。また、「田畑勝手作禁止令」がとかれた後においても、地主制が高率の現物小作料をもって農産物の商品化を制限し、かつ従来のような施肥方式を事実上強制しているかぎり、日本式「有機農業」による地力維持は可能であったにちがいない。

しかし、農業そのもの(農業における生産関係)が資本主義化されないわが国においては、地主たちに、地力を「価値」とみる意識はなく(2)、したがって作付にせよ施肥にせよ、或いは総じて土地利用全般に関しても、その方法を小作契約をもって直接的に規制するということはなかった(3)といってよい。換言すれば、幕藩体制下の領主のばあいと同様、「寄生地主」にとっても地代(小作料)だけが問題だったのであって、その源泉たる地力の維持は農民の問題なのであった。

ところで農民にとっても、地力維持の必要性は、高率小作料によって事実上強制されるだけであって、それが科学的に認識される必然性はなかったし、したがってまた、現実に行なわれる自然の諸力の循環が自然法則として把握されることもなしに、ただもっぱら経験的事実として継承されるにとどまらざるをえなかった(4)のである。

それればかりではない。農民にとっての「こやし」は、彼らの「こやし」によって生産された農産物の消費者にとっては「不浄」であり「汚わい」であるという意識が、農耕そのものを「糞培耕耘の伎倆に止まるに過ぎざる」もの(伊藤博文)(5)としたとすれば、それはさらに、わが国の資本主義に特徴的ともいえる工業と農業との極端な不均等発展とともに、農業・農民蔑視の考え方として一般化した(6)のであった。

それゆえ、特定の輪作体系が定着したヨーロッパにおいては、現在にいたるまでひき続き複合経営的「有機農業」が行なわれてきたのに対し、日本においては、マロン博士を感心せしめた日本的「有機農業」——すなわち、「不浄」であるうえに、購入肥料等に比べれば多量の労働を必要とする「糞培耕耘」——が、やがて化学肥料によって追放されてしまったとしても、何ら不思議ではない。また、とりわけ農民が完全に「自分の土地の主人」となった農地改革以後、稲の単作という「自由式」と同様、技術的・経済的に有利な作物をすきなように作付ける「自由式」が、もっぱら化学肥料と農薬とによって行なわれるようになったのも、むしろ当然だったのである。(注)

(注)　化学肥料の普及が、人糞尿肥料を駆逐するとともに厩肥の必要性をも無視せしめ、したがって一方では、機械の導入が日本の農村から唯一の厩肥源であった役畜をも追放すると同時に、他方では、新しい畜産部門たる養豚とか乳牛飼育等が、しばしばその肥料分の「たれ流し」によって公害を発生せしめる結果となったことは周知の通りである。

日本的「自由式」の欠点が認識されず、北海道や一部の「大農場」以外に特定の輪作体系が定着しなかったこと(7)に関連し、つぎの事実は注目すべきである。

すなわち、明治の初、駒場農学校(東京大学農学部の前身)に「泰西農場」(二八町歩——ちなみに「本邦農場」の方は九町未満)が設けられ、「試業科」の英人教師ジェイムズ・ベグビーによる実地指導が多くの学生や一般の関心をあつめつつ行なわれたにもかかわらず、ベグビーの解雇とともに内務卿伊藤博文の「……牛馬ヲ使ヒ其器械ヲ運用スルニ違ヒハアルモ帰スル処ハ糞培耕耘ノ伎倆ニ止マル……故ニ……該科ノ儀ハ此際ヲ以テ廃止」し、以後は「本科教師ヲシテ兼任セシムル」こととして試業科も廃止されてしまったこと(明治十一年)、および、その後数年にして駒場の外人教師が全部イギリス人からドイツ人(マックス・フェスカもその一人)にかえられてしまったことである。牛馬を機械と同じ道具(労働手段)としてしか考えず、イギリス農業も日本農業も結局は「糞培耕耘の伎倆にとどま」り、そのかぎりで違いはないものとするところには、自然と人間の物質代謝に関する科学も思想もありえない

（安藤円秀『駒場農学校等資料』二五七〜二六一頁、および同『農学事始め』六二〜六三頁、一六八〜一七八頁、二九一〜二九三頁等を参照）。

それゆえ、いまや公害とか自然破壊とりわけ自然的存在としての人間の破壊を本質的に問題にするためには、真の農学とは何かということがまずわかっていなければならないし、それを知るためには、ヨーロッパにおいて成立し、日本において滅亡しようとしている農学の歴史をふりかえってみておく必要がある。

（1）マロン博士は、日本の水田灌漑の施肥効果に着目している（Liebig, *a.a.O.*, SS. 500–502）。
（2）もちろん、誰が生み出したものでもない土地に経済学的意味における価値があるわけではないが、資本主義農業の発展したヨーロッパにおいては、土地を利子（年地代）の源泉たる元本とみなすのが、地主たちにとっての一般的なやり方であった。
（3）この点たとえば「小作慣行調査」（『農地制度資料集成』第一巻）を参照。
（4）リービヒがいうように、「事実による検証をもって経験主義にうちかつ」のが科学であるとすれば、明治以前の日本に「百姓の農書」等はあっても、科学としての農学はなかったといってよい。
（5）安藤円秀『駒場農学校等資料』二五七頁。
（6）みずから農業を行なう近代的耕作地主および資本家的農業経営者を「ジェントルマン・ファーマー」とよんだイギリス（およびその他のヨーロッパ諸国）では、日本のような農業・農民蔑視は一般的ではない。
（7）『農地制度資料集成』第一巻、とくに「小作地に対する制限」、「小作契約内容」の項を参照。

第一章　リービヒの農学

——その思想と科学

一　リービヒの再評価

「有機農業」が再評価される傾向のなかで、これまでのわが国の化学肥料万能的なやり方が、あたかもリービヒの責任であるかのようにいう人がでてきている。しかし、それは決して正しくはない。まず第一に、いわゆる「無機質説」（或いは「鉱物質説」Mineral Theory）というのはそのようなものではないし、またリービヒの農学の科学性とそれによって裏づけられた人間と自然との物質代謝に関する彼の思想とは、そのようにまずしくかつ近視眼的なものでもなかった。そして第二に、リービヒの農学を生み出しかつ発展せしめたヨーロッパの農業それ自体も、少なくとも日本の農業のようにもっぱら化学肥料と農薬に依存するものになりきってしまったわけではない。上述したように、日本古来の「有機農業」を破壊した原因は日本の近代化過程そのもののなかにあったのであり、いいかえれば、リービヒ的農学が日本の土壌で育たなかったことがむしろその理由なのであった。実際、上述のマロン博士のように、リービヒの考え方を完全に受け容れているものにとっては、幕末の日本の「有機農業」が合理的農業の典型にすらみえたのに対し、日本の農学はその「有機農業」の追放＝「化学農業」化に事実上協力してきたのであって、いままたその罪をリービヒにきせるとすれば、ヨーロッパで発展した農学は日本において発展せしめられるどころか逆に滅亡に瀕しているというほかはないであろう。

リービヒに関する誤解の多くは、大抵彼の見解を一面化して紹介したものに罪があるといえるし、ある意味においては、リービヒに関する通説的理解そのものに問題がある。もちろんリービヒ自身にも、植物による空中窒素固定についての誤認とか、その結果たる窒素肥料の効果に関する混乱、或いは国家の盛衰をすべて農耕方式から説明する単純な歴史観等、正しくない点があることは事実である。しかし、それらは彼の農学の本質にとってそれほど大した欠陥とはなっていない。実際、後述するように彼の農学の本質は、農産物の大部分が都市で消費され、したがって土壌成分が再び土地にかえらない以上、肥料をもってそれを補充し、自然の循環を維持しなければならないという点にあったのであって、いまこそリービヒが再評価されねばならないとする第一の理由も、そこにある。

リービヒの再評価が必要とされる第二の点もその点に関連する。

スウェーデンの農業経済学者ノウ（Joosep Nõu）によれば、十九世紀第三の四半期は「リービヒの時代」であり「農業経済学にとっては幽囚の時代」なのであって、一八八〇年代からようやく経済学が復活し、自然科学優位の時代は終りをつげるのであった(1)。

これをいいかえれば、十九世紀末のいわゆる「農業大不況(2)」という経済的な過程が、農学の犠牲のうえに農業経済学の復活を必然化したといえる。

「農業大不況」の克服は、いうまでもなく経済的に行なわれるほかはなかったが、しかし、ヨーロッパ農業における化学肥料の普及とより一層の機械化の進展とは、しばしば農業の「工業化」Industrialisierung といわれる(3)ように、ややもすれば農業が自然産業であることを忘れさせ、さらには人間と自然との物質代謝を自然の循環過程ではなく単なる商品交換過程として意識せしめる傾向を助長することになった。農業を工業とまったく同様の商品生産とみなすところに農学はありえないのと同様に、農業経営における営利性＝資本主義的合理性の観点から、自然科学的＝生物学的合理性を軽視するところにも農学は成立しえない。むしろ後者の基礎の上に経済的合理性の追求がなされるところに農学の現実的意義があるし、またそれが農学本来の姿でもあったのである。

実際、大まかないい方をすれば、リービヒは農学史上のいわば分水嶺であると同時に、そもそも農学とは何かを問題にするにあたっての——いいかえれば農学批判の——拠りどころをなすものといってよい。

というのは、後述するように、リービヒ以前の農学を基礎づける「有機質説」は、彼によって理論的＝化学的に批判されるのであるが、それにもかかわらず、土壌成分の補充＝施肥（＝自然の循環に関する自然科学的合理性）を基礎とする収穫増大（＝経済的合理性）の実現という本来の農学の基本的立場はリービヒによって受けつがれるのに対し、彼以後においては、農学は化学――リービヒ流儀にいえば「現実の農業への応用を目的とし……農業者 Landwirth によってのみ書かれうるような農芸化学 Agriculturchemie(4)」――と経済学――或いは、これまた同じく現実の農業経営における営利性の増大のみを目的とするような農業経済学――とに分裂するにいたるからである。

つまり、リービヒをもって「農学者兼農業経済学者 agronomist-cum-agricultural economist の時代(5)」は終りをつげ、しかも彼の意味における「農業の化学」die Chemie der Landwirtschaft――すなわち、「農業者の経験を自然法則或いは確証された真理と関連させ、両者を結び合わせる」ことを目的とするような、したがって「農業についての概括的知識をもつ化学者によって（のみ）書かれる(6)」ような、いうなれば現実の農業に対する批判の体系としての科学――は、リービヒ以後においても彼の意図したようには発展しなかった。それどころか、少なくとも結果的には、事実上「土地の自然力」とそして「人間の自然力」（＝労働力）をともに荒廃せしめる(7)ことに、むしろ協力することになったということは、今日ではもはや周知のことがらである(8)。

(1) J. Nōu, *The Development of Agricultural Economics in Europe*, 1967, pp. 153–155. なお、ゴルツもリービヒの時代(一八五〇〜八〇年)のドイツ農学が「自然科学の顕著な影響」のもとに発展したとしている――Th. v. d. Goltz, *Geschichte der deutschen Landwirtschaft*, Bd. II (1903), SS. 275–327 (山岡亮一訳『ゴルツ・独逸農業史』第二章)参照。

(2) 十九世紀末の「農業大不況」については、拙著『近代的土地所有――その歴史と理論』参照。

(3) たとえば、カウツキー『農業問題』第十章を参照。

(4) Justus von Liebig, *Ueber Theorie und Praxis in der Landwirtschaft* (1856), S. 11. ――三沢嶽郎訳「農業における理論と実際について」(『農業技術研究所資料H』一号、一九五一年)六頁、参照。

(5) J. Nōu, *op. cit.*, p. 155, 501.

(6) Liebig, *op. cit.*, S. 11.

(7) この点、マルクス『資本論』第六篇第四七章「資本制地代の発生史」の最後のところを参照。

(8) とはいえ、自然科学が「産業を介して……人間生活を改造し、そして人間解放を準備」する(マルクス『経済学・哲学草稿』岩波文庫版、一四二〜一四三頁)という面をもつことは否定しえない。

二　自然の循環に関するリービヒの思想

リービヒによれば、「人間、動物、植物の生命は、それらの生命活動の原因をなす諸条件すべての回復と密接不可分の関係にある。そして土壌はその成分によって植物の生命にかかわっている(1)」。つまり自然界の生命現象は人間を含む「動物と植物との物質代謝」Stoffwechsel の過程であり、「人間がいなくても存続する」とはいえ、「人間の加わりうる巨大な循環」ein großer

Kreislauf をなしている(2)。したがって、「補充の法則 Gesetz des Ersatzes――すなわち、諸現象はそのための諸条件が回帰し同じ状態を保持するばあいにのみ永続するということ――こそは、自然法則のなかで最も普遍的なもの(3)」である。

実際、「動物および人間の排泄物、骨、血液、皮膚等をもって、植物が取り去った土壌成分のすべては土地に返される(4)」。

一八四〇年に出版された彼の主要著書『農業および生理学への応用における有機化学』*Die Organische Chemie in ihrer Anwendung auf Agricultur und Physiologie* は、「植物栄養の化学過程」と「醱酵・腐朽・腐敗の化学過程」の二つの篇から成り立っていた(5)。そして二年後の一八四二年には、「動物栄養の化学過程」の研究に該当する『動物化学――生理学および病理学への応用における有機化学』*Thierchemie, oder die Organische Chemie in ihrer Anwendung auf Physiologie und Pathologie*(6)が世に出されている。これをみてもリービヒの自然認識はおのずから明らかである。すなわち、土壌および大気から植物に吸収・同化された栄養素は、さらに動物(および人間)に摂取され、そして植物・動物(および動物の排泄物)の腐敗・分解の過程をへて再び大地(および大気)にかえるというのがそれである。

土壌成分が植物栄養の基礎である以上、それを維持しなければ農作物がとれなくなることはいうまでもない。したがって彼は、「収穫によって土地から取り去られた植物栄養素の完全な補充

der vollständige Wiederersatz が農業の原則である(7)」というのである。

しかしながら、リービヒのいう植物栄養の化学過程→動物栄養の化学過程→醱酵・腐朽(8)・腐敗の化学過程という「人間がいなくても存続する」自然の循環には、人間が単に自然的存在としてその物質代謝過程に介入したというだけではなく、資本主義という特定の社会関係をもってそれに介入したのであった。いいかえれば、資本主義が農業そのものを変えることによって、自然の循環に空白や断絶ができてしまった。リービヒの時代においても、すでに上述のような「農業の原則」はいろいろの面で現実の農業に貫かれなくなってきた。

そのような現実に直面して、リービヒが憂慮し、人びとの注意を喚起しようとした点をあげれば次のようである。

まず第一に、燐酸塩の「不可避的損失」――というのは、「それは近代国民すべての慣習上、墓地に貯えられてしまう(9)」から。

第二に、農産物の商品化による損失。「いかに豊かで土地の肥沃な国であっても、商業の繁栄をもって数世紀にもわたって穀物や家畜等を輸出し続けるならば、同じ商業をもって、土地から奪い去られた養分を肥料の形で補充してやらないかぎり、その豊沃度は維持しえない(10)」。商品化され、大都市において消費される農産物の植物栄養素は、再びもとの土地にはもどらない。というのは、大都市における水洗便所、すなわち大都市の「下水化」Canalisation が「穀物、肉、野菜等の形で都市に運び出された植物栄養素」を海に流してしまうばかりか、家畜の毛や血その他の残滓は捨てられ、骨もまた様々な工業目的に使用されてしまうからである(11)。

リービヒのいうところによれば、「動物および人間の排泄物には……種子、根、茎、葉等の形で土地から取り去られたすべての成分が含まれる(12)」だけでなく、実験によれば、動物の二四時間内における灰分、炭素、水素、窒素、酸素の摂取量と排泄量(汗、吐いた息に含まれる分を含む)はほぼ等しい(13)。それゆえ、自然の循環という観点——したがってまた地力維持という観点——からすれば、動物(家畜・人間)の糞尿を土地にかえすことが決定的に重要なのであるが、なかんずく尿(とくに人間の尿)は窒素および鉱物質栄養素の補給源として重視されるのであった(14)。

こうしてリービヒは、ロンドンのばあいを実例として「大都市の下水化」=自然の循環の破壊を科学的に批判(注)するのであるが、同時に、土壌成分 Bodenbestandtheil の完全な補充という「農業の原則」に合致しないやり方として、第三に厩舎における家畜の尿 Stallmist のたれ流し(流失)を批判する。なぜなら、それが肥料として最も重要なものを無駄にするばかりではなく、そもそも家畜飼育=複合農業の目的にも合致しないからである(15)。

最後に、リービヒが当時のドイツ農業に関連して憂慮した点は、土地に返されるべき肥料そのものの商品化=輸出であった。当時のドイツ(とくに北部ドイツ)では、それまで「永い間過燐酸石灰を利用して甜菜栽培で高収益をあげてきた」経験から、依然として過燐酸石灰やグアノを輸入しながら、一方では多量の骨粉を輸出（ないし移出）していたからである。彼によれば、それはドイツの耕地からの燐成分の「掠奪」に等しい(16)ばかりか、甜菜の糖分を低下させることにもつながるものであった。すなわち彼は、厩肥と過燐酸石灰だけではカリ分が欠乏し、したがってフランスやボヘミヤの前例のように、やがて突然糖分が大幅に低下することは容易に予測されるというのであった。それにもかかわらず、リービヒによれば、過燐酸石灰のみせかけの効用がそれを隠蔽してしまっているのであった(17)。

第1表　ロンドンの下水に含まれる肥料成分（トン/日）

	燐　酸	カ　リ	窒　素
人　糞　尿	10.75	9.00	75.00
馬・乳牛の尿	4.25	8.00	
な ま ゴ ミ	0.34	1.13	?
計	15.34	18.13	75.00+

Liebig, *Chemie* (9 Aufl.), SS. 89–91 より作成．

（注）　リービヒは、ロンドンの下水が貴重な土壌成分を海に流している点について、再三にわたり書いているばかりでなく、ロンドン市長に直接手紙を出して注意を喚起した(18)。

　彼がロンドン市民（おとな二〇〇万人）と交通手段たる馬（七〜八万頭）および乳牛（一万五〇〇〇頭）から計算したところによると、一日あたりの肥料分の流失量は少なくとも第1表のようになる。下水に流される「生ゴミ」**Küchenabfälle** といっても魚、馬鈴薯、キャベツ（花キャベツを含む）だけから計算したにすぎないし、水洗トイレにしてもビールの分は計算に入っているがブドウ酒の分は入っていないから、実際にはもっと多かったとみてもよいが、これだけでも二六五〇トンの厩肥と六五二・五トンのグアノに相当するカリと窒素（*Die Chemie*, SS. 96–97）の損失を意味したし、イギリス（ブリテン）全土では年間二〇〇万ツェントネル（約九万トン）の窒素が失われ、グアノその他の購入肥料をもってしてもその三分の一も補充されない現状であった（*Familiar Letters on Chemistry*, Letter XI-XIV; *Über Theorie und Praxis in der Landwirtschaft*, SS. 8-9）。

現実の農業がこのようであってみれば、それに対するリービヒの批判は当然であったし、自然の循環という視点からするその化学的批判が彼の「合理的農業論」であり、とりわけ『農業および生理学への応用における化学』の改訂版（一八六二年）の第二巻『農業の自然法則』*Einleitung in die Naturgesetze des Feldbaues* なのであった。そしてホフマンのいうように、「植物栄養の化学過程」と「醱酵・腐朽・腐敗の化学過程」とを含むそれの旧版と、『動物化学』、およびこの『農業の自然法則』という「すばらしい三部作」をもって、リービヒの体系は一応完結する[19]のであった。

このようにみてくれば、自然の循環に関するリービヒの考え方を「地力均衡論」Bodenstatik とか土壌成分の「完全補充説」Vollersatztheorie とかいうようにいってしまう[20]のは、彼の思想の一面化であり矮小化であることがわかるであろうし、いわんやそれを「掠奪農法 Raubbau ですら相対的合理性――経済的合理性をもつという点を無視した自然科学的合理性概念にすぎない[21]」などというのは、あまりにも近視眼的な批判といわざるをえないであろう。

その点は彼の合理的農業論をみればより一層はっきりするのであるが、そのまえに彼の「無機質(鉱物質)説」について検討しておこう。なぜなら、人間をふくむ自然界の「巨大な循環」に関する彼の考えをさし当り従来のよび方どおり「地力均衡論」としておけば、その特徴——すなわち、それが彼以前の人びと、とくにテーア (A. Thaer) やチューネン (J.H. von Thünen) の「地力均衡論」と異なる点[22]、そしてまた、ローズおよびギルバート (J.B. Lawes and J.H. Gilbert) に代表されるいわゆる「窒素説」と異なる点——が、そこにあったからである。

(1) Liebig, *Die Chemie in ihrer Anwendung auf Agrikultur und Physiologie*, 9 Aufl. (1876), S. 311; do: *The Natural Laws of Husbandry* (John Blyth ed., 1863), p. 180.

(2) Liebig, *a.a.O.*, S. 79, 173. なお、同じような表現は、彼の著作の各所にみられる。

(3) *Ibid.*, S. 189.

(4) Liebig, *Familiar Letters on Chemistry, and its Relation to Commerce, Physiologie and Agriculture* (ed. by John Gardner, 1843), Letter XIV.

ちなみに、この二巻本(第二巻は一八四四年)は、Die Augsburger Allgemeine Zeitung に手紙の形式で連載されたものをまとめて英訳・出版したもので、ドイツ語版 (*Chemische Briefe*) は一八四四年に初版が出た。そしてこのドイツ語版をもとにした英訳が W. Gregory によって出版され、さらに改訂版 (J. Blyth 訳)も出版された。なお、柏木肇訳『化学通信』(岩波文庫)がある。

(5) ただし、第七版(一八六二年)から後篇部分は削除され、新たに『農耕の自然法則』*Einleitung in die Naturgesetze des Feldbaues* が第二巻として加えられた。「醗酵・腐朽・腐敗の化学過程」が削除された理由は、改訂に際しての著者の序文でも明らかなように、パストゥール L. Pasteur による醗酵および腐敗過程の研究成果に関係があることはいうまでもない。

なお、この著書は、もともと「イギリス科学振興協会」British Association for the Advancement of Science の要請にもとづいて準備された報告書に手を加えて出版したもので、したがってドイツ語の初版と同じ年に著者(リービヒ)の英文原稿からプレイフェア Lyon Playfair が編纂した英語版が出版され、またフランス語訳も出た。一八四六年までに六つの版を重ねたが、その間にもしばしば手が加えられた。ことに第三版(一八四三年)における窒素肥料の効用に関する変更は、後述のような Lawes および Gilbert とのはげしい論争の発端となった(英語版の第二版から〈ドイツ語版では第五版から〉表題が『有機化学』から『化学』に変わったほか、第七版ではかなり手が加えられた)。リービヒの死(一八七三年)後にツェラー Zöller の手によって出版された第九版(一八七六年)は、第七版(および第八版)の上下二巻本を合本したもので、同時にリービヒの準備していた部分的改訂が加えられている。

(6) この著作も、初版と同じ年に著者の英文原稿から直接英語版として出版されている——Wm. Gregory ed., *Animal Chemistry*……, 1842.

(7) これは彼のほとんどの著作のなかでくりかえし述べられていることである。

(8) Fäulniß (=putrefaction すなわち「腐敗」) と区別された植物性有機質(木質繊維その他)の好気的分解=緩慢な燃焼過程 (*eremacausis*) のことで、リービヒの著作では Verwesung, decay となっている——L. Playfair ed., *Organic Chemistry*……, pp. 217–230, とりわけ p. 220 の注を参照。

(9) *Chemische Briefe*, XIV. なお、同じことは窒素についてもいえるが、しかし「人間が墓場にもってゆく窒素分はわずかにすぎない」——*Chemie* (6 Aufl., 1846), S. 250; *Organic Chemistry*, pp. 200–201.

(10) *Familiar Letters on Chemistry*, Letter XI.

(11) *Chemie* (9 Aufl.), SS. 88–96. ついでながらいえば、この興味ある序論 Einleitung は第七版で付

け加えられたものである。

(12) *Familiar Letters*, Letter XIV.

(13) *Chemie* (9 Aufl.), SS. 151–155. とくに S. 154 の表を参照。

(14) この点たとえば *Organic Chemistry* (1840), pp. 69–70, 83–84, 201, 232–233; *Chemie* (6 Aufl.), SS. 50–51, 61–64, 236–237, etc. を参照。リービヒが、窒素はアンモニアの形で大気中に豊富に存在するから人造肥料の形で供給する必要はあまりないと主張し、また後述のように、厩肥を人造肥料で代替することをとなえたのも、逆説的にいえば、このように動物の糞尿の肥料価値を重視したことのあらわれであった。実際、彼の著書では厩肥や動物糞尿に関する部分に多くのページがあてられている。

(15) *Chemie*, "Dünger", "Stallmist", "Stallmistwirtschft", "Rückblick" 等の各節を参照。

(16) *Chemie* (7 Aufl.), Vorwort.

(17) もっとも、カリ肥料は高くつくということも一つの大きな理由であった――*Ibid*., S. XIII.

(18) Liebig, "Letter on the subject of the utilization of the metropolitan sewage, addressed to the Lord Mayor of London" (1865).

(19) A. W. Hofmann, *Life-Work of Liebig, in Experimental and Philosophic Chemistry; with Allusions to His Influence on the Development of the Collateral Sciences and of the Useful Arts* (1876), pp. 15–16. ついでながら、この本は、リービヒの親友であったファラディにちなむ "Farady Lecture" として一八七五年に行なわれた講演をまとめて出版したものである。

(20) こうしたリービヒ評価はむしろ一般的といえるが、さし当り、Nōu, *op. cit*., pp. 318–319 を参照。

(21) *Ibid*., pp. 308–309.

(22) テーアおよびチューネンの「地力均衡」論については、両者における「合理的農業」論との関連において従来多くの研究があるが、さし当り、近藤康男『チューネン孤立国の研究』(『著作集』第一巻)、飯沼二郎『ドイツにおける近代農学の成立過程』および相川哲夫『農業経営経済学の体系』を参照。

三　無機質説

リービヒ自身がいっているように、植物栄養に関する「無機質(鉱物質)説(注)」Mineraltheorie は、少なくとも彼よりも二〇年くらい以前から二、三の人びとによってとなえられていた(1)。しかし、彼の時代でも一般的に支持されていたのはいうまでもなく「有機質(腐植)説」Humustheorie だったのであって、それに代ってそろそろ登場しつつあったのがいわゆる「窒素説」Stickstoff-theorie であった。

(注)　Mineral Theory は文字通りいえば鉱物質説であるが、フムス説=有機質説との対比上から「無機質説」とするのが好都合であるのみならず、以下のような理由から、その方が妥当である。

第一に、無機質説をとるリービヒと窒素説をとる人びと(とくにローズおよびギルバート)との間の対立は、アンモニアをめぐる対立といってよいが、リービヒの植物栄養理論はいうまでもなくアンモニア(の形で摂取される窒素)を無視する鉱物質説ではなかったし、アンモニア肥料の効用を軽視したことがあったにしても、自然の循環過程で生ずるアンモニアが大気中に多量に存在する(したがってまた雨水とともに土壌にかえる)ということのためであって、栄養素としてアンモニアが不必要というのではなかった。第二に、本来の土壌成分=鉱物質の補充の必要性をとなえるばあいも同様で、失われた鉱物質類は外部(大気中)から補給されない以上、肥料として供給する必要があるというのであって、鉱物質説だから必然的に鉱物肥料重視という結果になるわけではない。

このように、リービヒの「ミネラル・セオリー」は「無機質説」あるいは「無機質論」といった方が適当なのであるが、肥料の効用のみにもっぱら関心を示したローズおよびギルバートは、植物栄養に関する「ミネラル・セオリー」を肥料の効用に関する「ミネラル・セオリー」として問題にし、したがってアンモニア(窒素)を無視する「鉱物質説」として議論を混乱させる結果をまねいたのであった(もっとも、窒素を含む植物栄養理論を不用意に「ミネラル・セオリー」とみずから定義したという意味では、リービヒにも責任の一端はあるが、それは要するに、鉱物質を重視する無機質説というべきものだったのである)。

それゆえ、両説を批判しつつ「植物栄養の化学的過程」を無機質類の吸収・同化の過程として全体的に明らかにしたところにリービヒの功績をみることができるのであるが、それだけではない。彼はそれを「有機質的自然と無機質的自然との間に存在」する「驚異的な連関[2]」つまり自然の循環の謎をとく鍵として科学的に展開してみせたのである。いいかえれば、リービヒの「無機質説」は、すでにのべたような彼の自然の循環に関する思想のなかではじめて正当に位置づけられるのであって、それを「有機農業」否定のはじまりのようにいうのは、リービヒの「この上もなくすばらしい哲学的思想[3]」を理解しないものの誇張というほかはない。

リービヒが彼自身の「無機質説」を要約したところによれば、それはつぎのような内容のもの

であった。すなわち、

(1) 「緑色植物 grüne Gewächse のすべての栄養素は無機質である」。

(2) それは「炭素、アンモニア、水、燐酸、硫酸、珪酸、石灰、苦土 Bittererde、カリ(或いはナトロン)、鉄等である」が、さらに、「多くの植物は食塩を必要とする[4]」。

(3) 「動物および人間の糞尿等は、その有機成分が植物に直接吸収されるのではなく、それらの腐敗・分解過程の産物により間接的に――したがって炭酸中の炭素およびアンモニア中の窒素の移行の結果として――植物に作用を及ぼす。動植物の一部からなる有機肥料も、無機化合物として土に帰し、かつ地力の補充をなす」。

(4) 「植物の生命活動に関連する土壌、水、空気のすべての成分、および、植物と動物のそれぞれの成分の間には相互関係があり、しかも無機質類の有機体的活動の担い手への変化を媒介する全体的関連の環がきれるときは、植物も動物も生存しえなくなる[5]」。なぜなら、「自然全体に通ずる法則 a comprehensive natural law は、動物諸器官の発達・成長等をその血液の主要成分と基本的に同一の特定諸物質の摂取に結びつけ……しかもアルブミン(血液の主成分)と基本的に同一の物質以外のものから血液をつくる能力を自然は与えていない[6]」のであるが、動物性アルブミンとかフィブリン、カゼイン等、血液および肉の主成分は、植物性アルブミン、フィブリン、カゼインの転化したものであるし、また肉食動物についてみても、「厳密にいえばそれは草食動物の血液・肉中の植物質だけを消費する(7)」からであり、そしてそのような動物栄養の化学過程の基礎は「無機質の土壌成分」、炭酸およびアンモニアという「大気成分」、水(および日光)をもととする植物栄養の化学過程にあるからである。

つまり、リービヒのすばらしい表現をもってすれば、「動物体の発達は、植物の生命がそれをつくり出すことによって終るところの物質をもって始まる。各種の穀物や飼料作物等は……多年生植物ですらも……種子をつくるとともに死ぬ。しかし、植物の無機質栄養素から始まり動物の神経系統や頭脳等の最高に複雑な成分にいたる有機物の無限の連関には、空白もなければ断絶もない。動物の血液をつくる栄養物は、植物の生産的エネルギーの最終産物なのである(8)」。

ここにひとは東洋思想における「輪廻」を想起するかもしれないし、事実それに通じるものがあることも否定しえない(9)であろうが、ただ、リービヒの思想はいうまでもなく東洋思想のばあいのような「観照」や「悟り」によるものではなくて、無機質を基礎とする自然界の物質代謝過程――その内部における自然法則――の科学的解明に基礎づけられていたのである。したがって、そのような彼の「無機質説」をめぐってさまざまな科学的論争がおこることにもなった。すなわち、リービヒの「無機質説」から必然的にでてきた彼の「フムス説」批判、「厩肥農業」或いは「輪栽式農業」批判、および「窒素説」批判等が、論争をひきおこす発火点となったのである。

そこでつぎに、そのようなリービヒの現実の農業批判の検討にうつるが、そのまえに彼の「合理的農業」論をみておこう。というのは、それこそは「無機質説」にもとづく彼の現実の農業批判の根拠をなしているからであるが、それと同時に、彼の「無機質説」そのものがそれによってますますはっきりしてくるからである。

（1） この点はリービヒ自身ものべている（*Chemie*, 9 Aufl., SS. 9–17）が、ほかにゴルツ『独逸農業史』（山岡訳）一三〇〜一三一頁、三一八〜三一九頁、飯沼二郎「ユストゥス・フォン・リービッヒの輪作経営論」（『農業経済研究』二二巻一号）、三沢嶽郎「リービッヒの思想とその農業経営史上における意義」（『農業技術研究所報告H』二号）等を参照。

（2） *Chemie* (2 Aufl.), S. 2, *Über Theorie und Praxis*, S. 14（三沢訳、六頁）。

（3） Hofmann, *op. cit.*, p. 29.

（4） 元素で表示したり酸とか塩類の形でかいたりしているが、これはリービヒにかぎらず、当時の一般的なやり方であった。

（5） 以上の点については、*Chemie* (9 Aufl.), S. 10 を参照。

（6） *Chemische Briefe*, XXVI.

（7） *Ibid.*, XXVI.

（8） *Ibid.*, XVI.

(9) 実際彼は、「中国の農業は世界で最も完全な農業」といい、人糞尿を利用する自然の理にかなった中国農業を称賛している——*Chemie*, "Menschenexcrement" の項および、*Letters on Modern Agriculture* (1859), pp. 247–253 参照。

四　合理的農業論

リービヒの言葉をかりれば、「農業の一般的目的は、特定作物の特定部分ないし器官を最も有利な方法で最大限に生産すること」にあり、「農業の特殊目的は、植物の特定部分を異常に発展させ生長させること」にある。それゆえ、「合理的農業とは、こうした目的のために必要な物質を作物に与えるものでなければならない(1)」。

したがってまた、農業そのものが限られた土地にくりかえし作物をつくる形で行なわれる以上、「収穫によって奪われた植物栄養素を完全に補充すること」が「合理的農業の原則」**Prinzip des rationellen Ackerbaues** となるし、いいかえれば、植物が土地から取去ったもので「空気中から供給されないもの」、つまり「アルカリ類、石灰、燐酸塩その他」の「無機質(鉱物質)」の補充が「農業の基本問題」になる(2)。

ところで、「今日では、作物の生育に必要な土壌成分の決定並びに農家が農産物販売によって土地から取り去った土壌成分の量(の決定)は、化学分析にとっては……簡単な問題(3)」である。

したがって、作物収穫量と肥料の必要量とを、「経営管理のうまくいっている工場の会計簿のように……正確に記録できる」ように化学者たちと啓蒙的農業経営者たちとが協力すれば、「合理的農業 rational system of gardening, horticulture and agriculture に到達しうる(4)」ことになる。

こうしてリービヒは、一八三二〜四一年、および一八五四〜六〇年における、ホーエンハイム Hohenheim の農場経営記録をもとに、燐およびカリの循環 Kreislauf der Phosphorsäure und des Kalis を計算してみせ、それによってこの期間にこれら肥料分およびアンモニアがどれだけ不足したかを化学的に明らかにするのであった(5)。

とはいえ、リービヒは決して無機肥料万能説だったのではない。彼によれば、「与えられた土地面積から持続的に穀物や肉の最大収量をうる」ためには、まず第一に「多量の養分を含む土地」すなわち「地力」Bodenkraft＝「豊沃度」fertility が前提となる。しかし、その「地力」は「生産性」productivity とは異なるのであって、「根が充分に発達しうるような状態」にある土壌においては、その作物の成育に必要なだけの栄養分がありさえすれば、「一回かぎりの多収穫」は実現できる(6)し、はやい話が炭素の粉と水とアンモニアおよびその他の肥料分さえあれば——あたかも今日の「清浄野菜」のように——作物は育つ(7)。持続的に多収穫が実現されるためには、「吸収可能な状態にある栄養分」をそれぞれの作物に応じてつねに供給しうるようにしなければならないのであって、そのためには「適地適作」、「適当な輪作」、「化学的結合状態にある栄養物の物理的結合状態にある栄養物への転化(8)」——つまりそれが「吸収可能な状態」になるように、土壌中に空気や湿気や温度、或いはさらにアルカリや酸、塩類等を適当に供給すること——が必要なのであった。そしてそうした観点から、後述するように、休閑とか牧草その他のすき込み ploughing-in——すなわち「有機農業」——が評価されるのであった。

それだけではない。厩肥の重視にあらわれているように、リービヒは麦わらとか厩肥がもとの土地に返されるというヨーロッパ農業の現実を前提とし、彼の理論の出発点としていたのであった。だから彼は、アンモニアと同様、珪酸塩(麦藁の必要成分)も補充する必要がないということをくりかえし述べるのである(9)。

しからばリービヒの「有機質説」=「フムス説」に対する批判とか「厩肥農業」、「輪栽式農業」批判、および「窒素説批判」はどのような意味をもつものだったのか——つぎにそれらの点について検討しておこう。

(1) 以上、*Chemie* (1 Aufl.), SS. 144-145, English edition, pp. 139-140.
(2) このような点は彼の著作の各所でくりかえしのべられているが、とりわけ *Naturgesetze des Feldbaues* (*Natural Laws of Husbandry*) を参照。
(3) *Chemie* (9 Aufl.), S. 480.

(4) *Familiar Letters*, Letter XV.
(5) *Chemie* (9 Aufl.), Anhang J.
(6) このような「地力」と「生産性」の区別については、*Natural Laws of Husbandry*, pp. 119-129, *An Address to the Agriculturalists of Great Britain, on the Principles of Artificial Manuring* (1845), p. 10 等を参照。
(7) *Chemie* (1840), SS. 50-51.
(8) *Natural Laws of Husbandry*, pp. 82-83.
(9) *Chemie* (9 Aufl.), SS. 12-17 その他を参照。

五 有機説批判

「有機質説」に対するリービヒの批判は、植物等の分解によって生じた「フムス」=腐植を植物栄養素と考えていた当時の学説に対する批判であると同時に、彼の化学的考察の出発点をなしたヨーロッパの現実の農業に対する批判でもあった。つまり、「厩肥農業」Stallmistbetrieb および「輪栽式農業」Fruchtwechselwirtschaft に対する批判がそれである。

「有機説」批判そのものは極めて簡単なことであり、「フムス」(或いは「ヒューマス」)という有機物が直接植物に吸収されるのではなくて、それがさらに分解してできた無機質が吸収されるということであった。今日ではそれは常識化しているが、当時においてはまだ「有機説」が支配的であり、同時に有機肥料が農業の基礎をなしていた。だから、「有機説」批判が同時に当時の「有機農業」批判になるのであった。

ただそれは、今日わが国の一部の人びとが誤解しているように有機肥料不必要説（＝「有機農業」否定）を意味するものではなかった。

「化学者が一軒の家屋を分析するとすれば、彼はそれが珪素、酸素、アルミニュウム、カルシュウム、および一定量の鉄、鉛、銅、炭素、水素等からできているというであろう。しかし……それら諸要素が家屋の建築に役立つのは、それらが木材とか石、ガラス等の形に結合されるときだけである(1)」というリービヒにとっては、植物栄養素が無機物であるということから単純に有機肥料不用論につながるはずはなかった。「人が家を建てるとき、彼は自分の頭の中にある理想的な家のプランにしたがってそれをつくる(2)」ように、植物栄養という観点から肥料について考えるとき、彼はそれを自然、或いは人間を含む自然の「巨大な循環」に関する彼の思想のなかに位置づけていた。すなわち、すでにのべたような「醱酵・腐朽・腐敗の化学過程」＝有機物の分解過程がそれに当たる。

リービヒにとっては、フムスにせよ厩肥にせよ（或いは人糞尿にせよ）、それらは分解過程にある有機質を意味し、したがってそれらが植物の生育に役立つのは、分解してアンモニアその他無機質の栄養素となること、および、空気や水分とともにアンモニア等を吸収することによる。

それゆえ彼は、「腐朽過程にある木質繊維等」からなるフムスを重要視するとともに、厩肥・人糞尿・乾燥糞 poudrette 等を重要視し、「科学的見地からすれば、農業経営者は動物の糞尿をすべて大事にしなければならない(3)」といい、「動物性肥料 animal manure の増大は、穀物の種子の量を増大させるだけでなく、それに含まれるグルテンの比率をも増大させる(4)」というように説明するのであった。すなわち、当時の「フムス説」が無機質と区別された有機質肥料の効用をいっていたのではなく、すぐれた農学者シュヴェルツ Schwerz ですら「ときほぐせないゴルディウスの結び目 gordischer Knoten であり、自然科学の限界である(5)」といっていたように、有機質肥料の効用を「不思議でわからないもの」としていたのに対し、リービヒは化学的「無機質説」を展開し、なおかつその観点から有機肥料の重要性を説いたといってよい。

しかしながら、植物栄養素が無機物である以上、肥料自体は有機質である必要はないし、いわんや当時の「有機農業」＝厩肥農業が完全であるわけはなかった。したがって彼が「厩肥からの解放」を主張するとき、それは、現実の厩肥農業では土壌成分の補充＝地力の維持が果たせず、やがて「厩肥農業の終焉(6)」のときがくるということ、および、厩肥のあらゆる有効成分を含む人造肥料」をつくり、それを「植物有機体に摂取されるのに最も適合的な……形態で与える(7)」ようにすれば、厩肥農業を克服できるということ、を意味していたのである。

同じことは、彼の輪栽式農業批判についてもいえる。すでにふれておいたように、彼は輪栽式農業の相対的有利性を認める。すなわち、「輪栽式農業の有利性」は、「種々の作物がそれぞれ異なる栄養素を地中から吸収」するのみならず、「同一ないし異なる地層から異なる量の栄養素を吸収」する点にあり、したがってたとえば、「カリ質作物」（カリを比較的多量に必要とする作物 Kalipflanze）→「珪酸質」作物→「石灰質」作物というような輪作を行なうのが合理的であるといっている(8)。ただ、それにもかかわらず、彼が輪作を「一つの束縛」といい、「作物交代の代りに適当な肥料交代をおきかえる(9)」ことを主張し、「輪作の廃止」と「厩肥からの解放」をもって「農業の完全な革命」eine gänzliche Revolution in der Landwirtschaft が達成できる(10)としたのは、つぎのような理由による。

すなわち、その第一は、いかに合理的な輪作を行なっていても、それ自体は「地力の消耗 Erschöpfung の時期をおくらせるだけで、地力の消耗そのものを防止することはできない(11)」ばかりか、たとえばクローバー等の牧草類を輪作に加えることにより、窒素分やフムスを増大させることはできても、その根がより深い層から吸収したその他の栄養素は、量的に増大するわけではないから、当面の収穫増大に寄与するとはいえ、結局は「地力消耗をおおいかくす」にすぎない(12)ということ。

第二には、輪栽式は単に「生きている肥料製造所」としての家畜飼育——その飼料——のために必然化される技術的「束縛」によるばかりではなく、農業経営者が「自分の栽培したいものを栽培しえない」という社会的或いは地主的「束縛」によって強制されている[13]ということ。

つまり、地力の維持と作付の自由（いわゆる「自由式」）を同時に実現するためには――いいかえれば、そのようなものとしての「農業における完全な革命」を遂行するには――、完全な配合(無機質)肥料が必要であるというのがリービヒの考えであり、或いは彼の「無機質説」でもあったのである。

とはいえ、そのような完全な化学肥料が一朝一夕にできるわけはなく、リービヒの考案したカリと燐を主成分とする肥料にしても、後に彼自身がみとめているように、実効に乏しいものであった[14]。

ただ、植物栄養素としての肥料という観点においては、上述のようなリービヒの考え方にまちがっている点はなかった。むしろホフマンが指摘するように、都市の「下水化」が進行するかぎり、化学肥料をもって地力補充をするにしても「その資源 chemical resources が消耗する」以上、「それも人類にとって永続的価値をもちえない[15]」ということ、したがって、ツェラー Ph. Zöller のいうように、結局は「土地から奪った土壌成分をもう一度集めることによって肥沃度を維持し……人造肥料の併用によって人口増大に見合う補充をする」ほかないということの方が、リービヒの思想により適合的であった[16]といってもよい。

それゆえ、土壌中の「フムス」に関するリービヒの理解において問題になりうるのは、肥料のもう一つの面――或いは少なくとも有機肥料のもつもう一つの面――である。すなわち、植物の健全な成育のために必要な諸条件――植物栄養素の吸収を容易にし、根の伸長を促進するような諸条件――についてのリービヒの力点のおき方である。人びとが彼を「有機農業」否定の先駆者のようにみなすのも、この点に関連している。

リービヒが明らかにしているように、「空気がなければ有機物の腐朽（Verwesung, decay――より正確には eremacausis）は起こらない(17)」し、したがってフムスができないのはもちろん、総じて地力の回復はありえない。それゆえ彼は、上述したように、厩肥や牧草・藁の肥料価値とともにそれらの有機物としての効用(＝土壌中の空気の補給効果)を認めるのである。そればかりか、彼は明確に、「肥料とは……単に植物の養分 Pflanzennahrungsmittel であるだけでなく、地力の回復剤 Ersatzmittel でありかつそれの維持 Erhaltung der Feldfruchtbarkeit に役立つものである(18)」と述べている。そしてそのような視点から、中国(および日本)では、稲作を別とすれば、農民たちは「土壌にではなく作物に施肥をする(19)」というのであった。

とはいえ、彼が肥料のこのような側面――或いは、有機物の存在そのものにかかわる土壌の物理的組成――については、あまり詳しく述べていないのも事実である(20)。しかし、化学者リービヒにとっては、自然の循環の「化学的過程」の分析に主力を注がざるをえなかったのは当然であった。いわんや腐敗菌とか根瘤バクテリア等といった微生物の存在がまだ確認されていない時代にあっては、有機物の分解過程がもっぱら化学的過程として説明され、豆科植物による空中窒素の同化(根瘤バクテリアによるそれの固定)が、植物の葉および根からのアンモニアの吸収として把握された[21]のも、やむをえないことであった。ただ、それにもかかわらず、それらの点は、前にものべたように、リービヒの全思想体系にとってさほど重大な欠陥とはならなかった。

(1) *Chemische Briefe*, 4 Aufl. (1859), SS. 358–359.
(2) *Ibid*., S. 358. くもや蜜ばちは「幾多の人間建築師を赤面させる」ほど上手に巣をつくるが、人間のばあいには「最も拙劣な建築師でも……前もってそれ(建物)を彼の頭の中で建築している」というのは、よく引用されるマルクスの表現(『資本論』第一巻、「労働過程」)であるが、リービヒはこの「唯物論に関する手紙」(S. VII)で同じことをのべている。前後の叙述からして、マルクスはリービヒのこの部分を読んでいたものと思われるが、確かではない。なお、Hofmann, *op. cit*., pp. 136–137 参照。
(3) *Chemie*, 6 Aufl., SS. 63–64.
(4) *Ibid*., S. 61. なお、このような点は、窒素肥料の効用に関する彼の見解が途中で変っても、彼の著作全体に終始一貫している。
(5) Schwerz, *Handbuch des praktischen Ackerbaues*, Theil III, S. 33.
(6) *Chemie*, 9 Aufl., SS. 342–343, 489.
(7) *Über Theorie und Praxis*, SS. 56–57.
(8) *Chemie*, 9 Aufl., SS. 148–149.
(9) *Grundsätze der Agriculturchemie*, 1855 (English ed., *Principles of Agric. Chemistry*, 1855), SS.

35-36. なお、飯沼、上掲論文を参照。

(10) *Theorie und Praxis*, S. 59.

(11) *Chemie*, 9 Aufl., S. 142. 輪作 (Fruchtwechsel, rotation or alternation of crops) は基本的には特定作物(輪作過程に入るそれぞれの作物)にとっての一種の休閑にすぎない——たとえば四年輪作なら、それぞれの作物は四年に一度作付けられ、それぞれの作物にとくに必要な栄養素については、三年間に休閑と同様の効果が現われる——というのは、リービヒの最初からの見解である。その点、たとえば *Chemistry*, 2nd ed. (1842), pp. 150-163 参照。

(12) *Chemie*, 9 Aufl., SS. 148-149, 490. マルクスは、ノーフォク式輪作を推奨するラヴェルニュが「飼料作物が土壌を肥沃にする」というのは「イギリスの農村気分の……おとぎ話を信じる」ものだ(『資本論』第六篇第三七章「緒論」)と述べているが、これは明らかにマルクスの誤解である。リービヒがいっているのもマルクスとはちがい、飼料作物(初期の著作では緑葉植物全体)は空中の窒素(アンモニア)を吸収するから土壌中の窒素は輪栽式によって増大する可能性はあっても、土壌成分(鉱物質)は減少するだけだということであった。

(13) 「地主の差配 steward は昔からのきまりきった輪作や施肥方法に固執し、それを強制する」——*Letters on Modern Agriculture*, p. xii. なお、*Grundsätze*, S. 35 参照。

(14) これは主として、彼のつくった肥料が難溶性にしてあった(というのは、雨水による急速な流失をふせぐためであった)ことによるが、ローズおよびギルバートの実験ではあまり効果がなかった。もっとも、両氏が、その効果をもっぱらそれにわずかに含まれていたアンモニア化合物のせいにしたのは、あまり説得的ではない——この点 Sir John Bennet Lawes, "Agricultural Chemistry" (*J.R.A.S.E.*, vol. VIII, 1847), pp. 16-21 を参照。

なおリービヒは、植物が栄養素を水溶液としてではなく、根毛 rootlet がその「特殊な機能」をもって固体から直接吸収するのではないかと考えたこともあったが、それは河川水、井戸水、地下排水等の成分を分析した Graham, Miller, Hofmann, Crocker, Th. Way 等の一八五〇年代の分析結果にもとづく一つの推論で、彼の特許肥料とは関係ない――この点 *Letters on Modern Agriculture* (ed. by John Blyth), 1859, pp. 37-43 (Letter III), pp. 204-205 (Letter XI) を参照。

(15) Hofmann, *op. cit.*, p. 20.

(16) *Chemie*, 9 Aufl., Vorrede zur Neunten Auflage.

(17) *Organic Chemistry* (1840), pp. 120-121.

(18) *Chemie*, 9 Aufl., SS. 167-168.

(19) *Ibid.*, S. 171. *Organic Chemistry*, pp. 183-185.

(20) もちろん彼の著作全体をみれば、土壌の物理的組成についていろいろ述べられているし、とりわけ『化学』の第七版からつけられた序論、および「耕地の起源とその組成」、「土壌」等の各章では、かなり立ち入った言及がなされている――*Chemie*, 9 Aufl., SS. 79-83, 98-117, 235-278; *Natural Laws*, pp. 82-83, 112-129.

(21) 根瘤菌の方は Hellriegel, Wilfarth 両人により一八八六年に発見されるが、腐敗菌等は一八六〇年代のはじめにパストゥールによってその存在が確認され、したがってリービヒも「醱酵・腐敗・腐朽の化学過程」を、一八六二年以後彼の著書から削除した――この点、上述二、注(5)、参照。

ついでにつけ加えておけば、根瘤菌の発見以前でも、すでにブッサンゴー Boussingault の実験で、豆科植物が空中からも窒素分を吸収することはわかっていたし、リービヒもその点を前提している。

六　窒素説批判

リービヒの「有機説」批判が結局のところ、「厩肥こそは収穫をもたらし、かつ『農業の精神』die Seele der Landwirtschaft をなすもの」とする説(1)に対する批判であったというならば、いわゆる「窒素説」に対する彼の批判は、一言でいえば、「肥料の効力をもっぱら窒素ではかる」考え方(2)に対する批判であった。

ただこのばあいは、ローズおよびギルバート (Lawes and Gilbert) との長年月にわたるはげしい論争の形で展開されたので、彼の批判はしばしば攻撃的性格をおびたばかりか、彼の主張にもいろいろと紆余曲折があった(3)。

今日まで、ほとんどの人びとは、この論争において結局はローズおよびギルバート両氏が正しく、リービヒもまた後に自説をまげて「窒素説」の正しさを認めたものと見なしている。

わが国のばあい、それは、明治の初めに翻訳された西洋農書(4)およびゴルツの『ドイツ農業史』とかブリンクマンの『農業経営経済学』、或いは多かれ少なかれそれらの影響のみられる三沢氏の論文(5)等によるものとおもわれる。

ところで、リービヒは『農業および生理学への応用における(有機)化学』の中の「窒素の源泉とその同化」のところで、冒頭から「最も肥沃な腐植土においてさえ窒素がなければ植物は成熟しえない(6)」とかいている。そして彼の化学的研究の結論では、植物のばあいと同様動物の生命活動にとっても、窒素は不可欠の要素であった。

自然の循環における窒素の形態変化は、彼によればつぎのような窒素循環として把握できるのであった。すなわち、

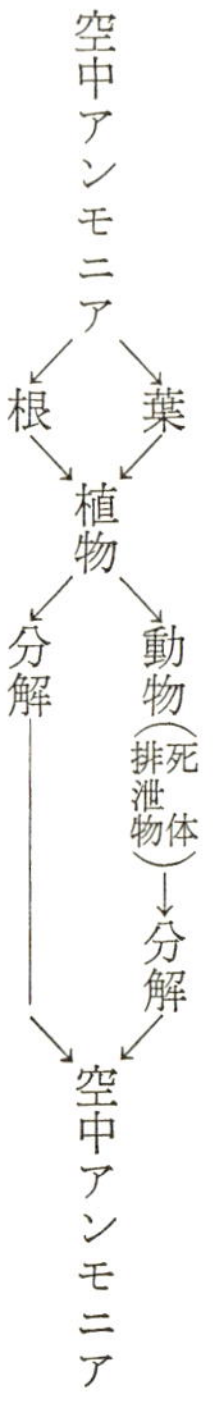

というのがそれである(7)。

それゆえリービヒにとっては、窒素は空気成分であるアンモニアとして豊富に存在するものであり、したがってこの循環が切れないかぎり、窒素肥料は不必要というのが、彼の基本的な考え方であった(8)。しかし、彼のもとで研究をしていたクローカー Kroker の土壌分析と、特定の土地に関する窒素循環を大気中のアンモニアを媒介とする地球的規模での窒素循環一般に解消した彼の錯覚とが、こうした基本的考えをくるわせた(9)。そしてその最大の理由は、やはり、根瘤バクテリアによる空中窒素の固定という事実がまだわかっていなかったこと——したがって、彼にとっては「同化されない」空中窒素と、同化吸収されるアンモニアとの関係が正しく理解さ

れなかったこと――にあった。

とはいえ、窒素肥料の効用についての論争の過程においてリービヒに混乱があったとすれば、相手方のローズおよびギルバートの方も同様だったのであって、通説のように彼らが終始一貫して正しかったのではない。たとえば植物による窒素の吸収同化については、彼らも当初は豆科作物と同じく根菜類も大気中のアンモニアを(葉面から)吸収するものと考えたし、同じロザムステッドにいたピュー Evan Pugh の実験(一八五七年)以後は、豆科の作物が深土層 subsoil から窒素を吸収するものと考え、ヘルリーゲル等による根瘤バクテリアの発見まで空しい実験を続けた(10)のであった。

肥料の効用についても同様で、彼らが一面的に強調したアンモニア肥料の効用も、ミネラル肥料と併用したばあいにそれが最も大きいということは、彼らの実験でいち早く明らかとなったし、五〇年間にわたる実験の総括的結論においては、リービヒが主張していたところとほとんど大きな違いはなくなるのであった(11)。

もっとも、農業とは何かという点――すなわち農学の根本思想――においては、リービヒとローズおよびギルバートとの間には決定的な対立があり、その面では彼らの論争もついにものわかれに終らざるをえなかった。すなわち、もっぱら窒素肥料の効用という観点からリービヒを非難するローズおよびギルバートと、窒素肥料によって収穫を増大せしめればそれだけ土壌成分の消耗も大きくなるというリービヒとの対立点がそれであり、それこそは実は、リービヒの「窒素説」批判の最も重要な点なのであった。

ローズおよびギルバートの批判に対して激しく反発したリービヒは、「無学な経験的農業者はある肥料の価値をそれによって彼が一・二年ないし三年間にえた結果にしたがって判断するが、科学的農業者は、肥料の利用により、その土壌が収穫後数年間にどのような状態になるかということと密接に関連させて判断する(12)」と述べる。その意味は、窒素肥料は根および葉の成育を促進せしめ、その結果として「一定時間内における土壌成分の吸収、作用を促進する」から収穫が増大せしめられるのであって、それはいわば「時間的効果」Gewinn an Zeit であり、結局はかえって地力の消耗をはやめるということであった(13)。

これに対し、ローズとギルバートは、「時間的効果」というのはほかでもない肥料の効力そのもののことであり、したがってそれをいうことはリービヒが窒素肥料の有効性を認めたことを意味するとして歓喜したのであった(14)。

窒素肥料の効用に関するかぎり、クローカーの分析に基づくリービヒの窒素肥料不要説は、かくて否定されざるをえなかった。しかし、後にのべるように(15)、さらに実験をつみ重ねた結果ローズとギルバートは、逆に窒素肥料だけでは作物が健全に生育しなくなり、収穫も減少するということを発見することになる。つまり、窒素肥料の効力は農業の生産性を増大せしめることによって地力(土壌のミネラル成分)を減少せしめることにほかならず、したがって、「窒素と燐酸とは……疲弊した土地を復活させる万能薬(16)」とする農業のやり方では、やがて破滅のときがくるであろうというリービヒの予測が適中するのであった。

しかも、リービヒのそのような予測は、人間と自然との物質代謝による土壌成分の消耗という観点から生まれた大まかなものにとどまったのではなくて、土壌中におけるアンモニア肥料の化学的作用の考察にも裏づけられていた。すなわち、アンモニア肥料や硝酸塩(肥料)等は、燐酸塩を水溶性の化合物にかえると同時にカルシウム(およびマグネシウム)をも可溶性のものに変化させるという「二重の作用」をあらわすだけでなく、さらにフムス(腐植)の分解をも促進するというのがそれである(17)。つまり土壌成分に関するかぎりでは、窒素肥料は「犁耕の機械的作用や休閑期における空気の作用と同じ目的を果たす(18)」にすぎず、いってみれば、一時的に経済的肥沃度を増大せしめても自然の肥沃度はますます低下させるというのであった。

(1)　*Chemie* (9 Aufl.), S. 493.

(2)　*Chemie* (8 Aufl.), XVII; *Über Theorie und Praxis*, S. 55.　なお、こうした点はローズおよびギルバート自身が認めている。すなわち彼らによれば、「一語にしていえば、イギリス農業の現状では……土壌中の吸収可能状態にある窒素をふやすことによってのみ……生産が可能」なのであった――Lawes and Gilbert, "Reply to Baron Liebig's *Principles of Agricultural Chemistry*" (*J.R.A.S.E.*, vol. XVI,

Pt. 2, 1855), p. 90.

（3） この論争は彼の『農業および生理学への応用における化学』の第三版（一八四三年）をきっかけとし始まるが，同著の第四版以後の諸版においてのみならず，*Die Grundsätze der Agrikulturchemie* (English ed., *Principles of Agricultural Chemisty*), 1855, *Über Theorie und Praxis*, 1856 の両著（とくに前者）において，ローズおよびギルバート批判を展開した。しかし，*Naturwissenschaftliche Briefe über moderne Landwirtschaft* (English ed., *Letters on Modern Agriculture*), 1859 では，表面きっての批判はもはや行なわれていない。

（4） 片山遠平訳『戎氏農業化学』明治十七年（J.F.W. Johnston, *Lectures on Agricultural Chemistry and Geology*, 1879, 1st ed., 1842 の抄訳）に代表されるこれら農書は，いずれもリービヒの誤まりを強調している――さし当り，川崎一郎『日本における肥料および肥料智識の源流』第一章を参照。

（5） リービヒに関するわが国の研究としては三沢氏の一連の業績が最も注目されるものであるが，残念ながら同氏においても，「窒素説」に対するリービヒの批判の真の意味（＝国民経済学批判あるいは資本制農業批判の側面）が理解されず，彼の時代以後の化学肥料の製造・利用という面に「リービヒの学説の実践的価値」を認めるにとどまっている。

リービヒを化学肥料万能の「有機農業」否定論者のようにいうわが国の人びとの誤解は，案外この辺から始まったのかも知れないが，ただ念のためにいっておけば，三沢氏は，「購入（人造）肥料の導入」による「地力の維持」がそのようにして社会的に実現されたにしても，それは必ずしも「リービッヒが鉱物質説を唱導した際（の）……彼の思想の中に求められな」いものだとしている――三沢「リービッヒの思想とその農業経営史上における意義」。

（6） この点は初版以後一貫して変っていない――たとえば，*Organic Chemistry*, pp. 69-70；*Chemie*

（6 Aufl., 1846), SS. 50–51 参照。

(7) これは彼の全著作に通じる考え方であるが、同じく『化学』の「窒素の源泉とその同化」の章に要約されている。

(8) *Ibid.*, SS. 231–250; *Organic Chemistry*, pp. 200–201; *Familiar Letters*, XI, XIII, etc.

(9) この分析によって、耕土中には毎年の穀作に必要な窒素分よりはるかに多量の窒素が含まれていることが明かとなり、したがってリービヒは、彼の『化学』の第三版では窒素肥料を重要視しなくなった。大気中にアンモニアが大量に存在することは、すべての土地にそれが(雨水にとけて)大量に蓄積されることを意味するものではないし、また、土壌中にアンモニアが多量にあれば窒素肥料の効果はないとすることも、必ずしも正しくはない。

(10) A. D. Hall, *The Book of the Rothamsted Experiments* (Revised by E. J. Russell, 1917), pp. 6–11, 313, 317, etc. を参照。

(11) この点詳しくは、第三章の二を参照。

(12) *Über Theorie und Praxis*, S. 42 (三沢訳、一六頁)。なお *Letters on Modern Agriculture* では、「実際的農業者は、土壌と肥料との関連を第三の手段すなわち生産量を介してのみ知る。なぜなら現実的人間にとってはそれ以外に両者を結びつけるもの link がないから」(pp. 3–4, Letter I) という痛烈な皮肉になっている。

(13) *Über Theorie und Praxis*, SS. 20–23; *Chemie* (6 Aufl.), SS. 39–40.

(14) Lawes and Gilbert, "Reply to Baron Liebig's *Principles of Agricultural Chemistry*", p. 45.

(15) 第三章を参照。

(16) *Über Theorie und Praxis*, SS. 54–55.

(17)　このような点については、*Letters on Modern Agriculture*, pp. 52-65, 82-83 を参照。
(18)　*Ibid.*, pp. 68-69, 83.

七　資本主義農業批判

人造窒素肥料に対するリービヒの上述のような批判は、同時に、土地改良を含む改良農業全般に対する――したがって当時における資本主義的農業そのものに対する――批判でもあった。リービヒによれば、農業への機械の応用はもちろん、排水工事とか深耕、さらには当時の輪作にとって重要な役割をはたしていた豆科の作物(とくに牧草類)すらも地力の消耗を促進するものであった[1]。いいかえれば、当時のヨーロッパ農業、とりわけ改良農業の模範とされたイギリス農業そのものが、一種の「掠奪農法[2]」spoliation system なのであった。というのは、「そのような方法はすべて、農業経営者が土壌中の有効成分総量のより多くの部分を奪いとるための手だすけをするだけ[3]」だからである。

もちろん、豆科の植物が大気中から窒素分(彼によればアンモニア)を摂取することを認めないわけではない。しかし、人造窒素肥料のばあいと同様に、それは同時に穀物等によるその他の土壌成分の吸収をも増大せしめるし、とくにリュサーン(豆科の牧草)とかルーピン等は、根が深くはびこることによって深土層からミネラル成分を吸収し[4]、あたかも深耕と同じ効果をあらわすというのであった。それは、植物栄養素の作用の「速度」と「持続性」の問題であり、機械的な作業や化学的方法等で「土壌成分の作用を加速」すれば、一〇〇年分の収穫を五〇年でとることも可能であろうが、それは同時に「半分の期間で地力を消耗させる」ことを意味するばかりか、結局のところは「農業生産物総量ではなく、所与の時間内の収穫が増大するだけ」にすぎないからである(5)。

ところで、なぜこのような地力消耗を意に介しない一種の「掠奪農法」が行なわれるのかといえば、農業経営者たちが「最小限の労働および肥料投下によって最大限の収穫をえる」ことを目的とするからであり、いいかえれば彼らが「肉と穀物を生産・販売する商人」だからである(6)。リービヒの科学的観点からすれば、植物栄養素と肥料とは異なる(7)のであって、植物の生育という点からいえばすべての栄養素は等しく重要であるが、収穫が唯一の関心事である経験的農業者の観点からいえば、収穫の増大をもたらす栄養素のみが肥料としての価値をもつにすぎない(8)。つまり、「すべての作物は例外なしに地力をうばう」ものであるにもかかわらず、「肥沃な土地ではミネラル成分が無尽蔵」と考え、窒素肥料等を使っても「採算に合うほど作物がとれなくなったときには、もはや地力がつきたものと考える」のが、実際的農業経営者たちなのだというわけである(9)。

こうしてリービヒは、ローズとギルバートをはじめとする彼の批判者たち、および、同様に彼を攻撃する実際的農業者たちと彼自身との対立を、「(農業的)実践と科学との抗争[10]」として把握し、「父をさがし求める小さなヤフェ Japhet」、つまり『無機質説』というあわれな子」は、「ひどい扱いをうけ、そしてバカにされた。というのは、彼は、大きな財布も金を出すだけではいつかはカラになるという意見だったからだ。……もしも土壌が、乳をすっかり搾り取られる牛や、わずかばかりの飼料で強制的に働かされたりする馬のように、なき声をあげるとしたら、農業者たちにとって大地はまさにダンテの地獄以上にたえがたいものとなるであろう[11]」といって嘆くとともに、ますます資本制農業批判および国民経済学批判という姿勢を明確にしてゆくのであった。

なぜなら、まず第一に、そのような地力の消耗の基本的原因は農産物の販売と「都市の下水化」という近代的＝資本主義的経済のあり方そのものにあったし、第二に、それを当然のこととして問題にしないのは、資本主義的合理性のみを念頭におく国民経済学および農業経済学(ないし農業経営学)のあり方によるところが大であったからである。

リービヒにとっては、自給自足を前提とするかぎり「厩肥農業」も合理的農業たりうるのであって、たとえば、五人家族を養うに充分な穀物・肉・ミルク等を生産する小土地保有を想定したばあい、食糧の自給と同時に厩肥や人糞尿、麦わらその他一切を土地にもどすならば、同じ量の収穫が永続的に維持できる[12]。そしてそのような意味で、「中国人と日本人」は人間と自然との物質代謝＝「生活諸条件の循環」という問題を「解決」し、「三〇〇〇年間も地力を維持」してきたといえる(13)のであった。

ところが「国民経済学者 die Nationalökonomen は、そのような保有地の経営には五人家族の労働力の半分以下で充分だと説明」し、収穫の半分が販売されることを推奨する(14)のであって、そこから土壌成分の流失＝「肥料資本 Düngerkapital の損失」がおこることには意を用いていない、というのが、リービヒの批判点なのである。彼によれば、アダム・スミスには「自然の諸力」＝地力を増大せしめるものが「土地の価値」を増大せしめるものだという視点があったが、彼以後の国民経済学は「富の源泉についてはほとんどまったく注意をはらわず」に、農業人口の減少（＝農業改良・農工分離）と地力の消耗とをもって国民経済を発展せしめようとするものの(15)にほかならないのであって、それというのも、彼らには土地が国民の——或いはさらに人類全体の——財産であるという視点が欠如しているからなのであった(16)。

ローズおよびギルバート、或いはヴァルツ Gustav Walz のいうように、アルカリ類をはじめとする土壌成分は無限なのではなくて、資本主義的農業の現状では、「労働そのもの die Arbeit an sich は土地をますます疲弊させ、結局は消耗しつくす」。すなわち、機械的・化学的方法により、土地をより生産的ならしめておけば、農業に投下される「労働に比例して——或いはむしろそれ以上に——余剰収穫をあげることができる」が、しかし、地力消耗を放置するかぎり結局は「収穫漸減の法則」が現実となるという[17]のである。つまり、リービヒの真意は、「収穫漸減の法則」の経済学的妥当性を主張することにではなくて、むしろ逆に——ホフマンが指摘している通り——「収穫漸減」を、「その原因も対応策も知らずに」、ただ「法則」として予言する「マルサス的経済学者たち」を批判することにあった[18]のである。

いうまでもなく、誰がつくったものでもない土地そのものが経済学的な意味における「価値」をもつわけではない。それにもかかわらず土地が価格をもちうるのは、地代のせいである。いいかえれば、超過利潤を生みだす借地農の資本投下の結果であり、さらにつきつめていえば、労働の成果である。しかしながら、マルクスのいうように、「労働はすべての富の源泉ではない。自然もまた労働と同じ程度に、使用価値の源泉である」ばかりか、「労働そのものも一つの自然力すなわち人間労働力の発現にすぎない[19]」。いいかえるならば、「自然を人間の所有物として取り扱うかぎりでのみ、人間の労働は使用価値の源泉となり、したがって富の源泉となる」のであって、労働をすべての富の源泉とするのは、はじめから「労働がそれに必要な対象と手段とをもっておこなわれる、と仮定する……ブルジョワ的な言い方[20]」にすぎない。

リービヒは、まさにそのような「ブルジョワ的な」考え方を批判するのである。

「もしもテーアが、彼の確立しえなかった地力概念に完全に明確な表現を与えうる今日まで生存していたならば、さだめし憤りと憐みとをもって、今日のいわゆる科学的農業者の無意味な実験を見下げたことであろう(21)」というとき、それは、テーアの「地力均衡論」を正当に評価するがゆえに、彼(テーア)の「合理的農業論」のもつ他の一面——資本主義的営利性を合理性の一要因とする面——を批判せざるをえなかったということを意味すると同時に、いわゆる「窒素説」の資本主義的性格に対する批判をも意味した。すなわちリービヒは、当時ようやく利用されはじめたアンモニア肥料等の人造窒素肥料について、それは「借地農業者にとっては……最もよい最も有利な肥料」であっても、「地主にとっては……彼の土地の荒廃」を意味するものだという(22)のである。それは、利潤のみを目的とする借地農業者(=資本制農業)に対する彼の批判であると同時に、地代(資本制地代)の額だけに関心を向ける近視眼的な地主たちに対する警告でもあった。

もちろん、地主が借地契約をもって経営者に「きめられた輪作を実施させ、施肥を行なわせる」ようなばあい——したがって、多くの家畜によって多量の肥料をつくり、さらにグアノとか骨粉・油かす等の購入肥料を追加するような経営——においては、アルカリ類をはじめとするミネラル成分も「厩肥によって維持される(23)」。しかし、流布されている農業関係の書物を信じて窒素肥料だけを重視し、ミネラル成分の補充を無視するような地主・借地農関係のもとでは、「科学以前の経験」が支配することになるし、施肥しようにも家畜や資本をもたない小土地所有=小経営のばあいには、「地力掠奪は急速に進行する(24)」。そこで、土地同様「科学も万人の共同財産でなければならない[25]」と考えるリービヒは、『化学書簡』や『自然科学書簡』をもって、彼の思想と科学をわかり易い形でひれきするのであった。

とはいえ彼は、資本主義の発展＝「商業や交通による国民相互間の均等化」が、一面において人びとの飢餓を解消せしめるような役割を果したことを認めるにやぶさかではなかったし、いわんや「同一の土地面積からより多くの穀物と肉を生産」せしめるようになった「自給肥料のより適合的な利用、特定の輪作の効用の発見、新しい作物の導入……機械的・化学的方法による土地の改良」等の「大きな進歩」を認めなかったわけではない[26]。それにもかかわらず上述のような批判を続けたのは、ゴルツ以来くりかえしいわれてきたように、彼が「農業経営に関して認識不足」であり「農業経営が……一つの営利企業であることを看過した[27]」ためではなくて、自然の循環を破壊し、地力の消耗を促進するようなやり方が、ながい目でみたときには国民或いは人類の損失でしかないからなのであった。

つまり、リービヒの批判は、土地――その自然力――は国民の富の源泉であり或いは人類の財産であるとする彼の基本的立場に立脚するものであったし、彼がそのような立場にたつことを可能ならしめたものは、自然を人間の所有物として取り扱う経済学や法学の立場をはなれ、人間が加わらなくても継続する自然の巨大な循環の中に、自然的存在としての人間をおくという彼の科学的思想だったのである。

それゆえ、リービヒの思想がマルクスによって正当に理解された(28)のに対し、国民経済学的立場にたつ同時代の人びとにはほとんど受けいれられなかったとしても不思議ではないし、「私経済の立場」にたつ「ブリンクマン等の農業経営学者」たちが「リービヒの思想に対して……攻撃」を加えたこともむしろ当然だったのかもしれない(29)。

(1) *Chemie* (9 Aufl.), Einleitung, SS. 79–82; 342–343, etc.
(2) リービヒ流儀にいえば、当時のイギリスの「高度集約農業」(ハイ・ファーミング)は「洗練された掠奪農業」という面をもっていたし、アメリカ西部開拓地の農業は「まぎれもない掠奪行為」なのであった――*Letters on Modern Agriculture*, pp. 179–181, 183.
(3) *Chemie*, Einleitung, S. 82.
(4) *Ibid.*, SS. 342–343.
(5) これらの点、*Letters on Modern Agriculture*, pp. 27–28, 68, 83, 110–115 参照。
(6) *Ibid.*, pp. 3–4, 171.
(7) *Ibid.*, pp. 245–246, etc.
(8) *Ibid.*, pp. 25–26.
(9) *Ibid.*, pp. 110–115, 157, 177.
(10) *Ibid.*, xi, pp. 1–22; *Naturgesetze des Feldbaues*, Einleitung.
(11) *Letters on Modern Agriculture*, p. 161.
(12) *Chemie* (9 Aufl.), SS. 185–186.

(13) *Letters on Modern Agriculture*, pp. 243-249, 268-271; *Natural Lawes of Husbandry*, Editor's preface.

(14) *Chemie*, SS. 186-189.

(15) *Ibid.*, "Die Nationalökonomie und die Landwirtschaft" のところ参照、なお、フリードリッヒ・リスト『農地制度論』(小林昇訳、岩波文庫版)、六三〜六五頁を併せて参照。

(16) この視点はリービヒにおいては終始一貫している――たとえば *Organic Chemistry* (1840), p. 138 をみよ。

(17) 以上の点、*Chemie* (9 Aufl.), Einleitung, SS. 79-80 を参照。

(18) Hofmann, *op. cit.*, pp. 18-19. この点については、一八七頁の注(17)を参照。

(19) マルクス「ゴータ綱領批判」(『全集』第一九巻、一五頁)。

(20) 同上。

(21) *Über Theorie und Praxis*, S. 42. 三沢訳、一六頁。

(22) *Ibid.*, SS. 53-54.

(23) *Letters on Modern Agriculture*, XII-XV.

(24) *Ibid.*, XV-XX.

(25) *Ibid.*, XX.

(26) これらの点、たとえば *Über Theorie und Praxis*, S. 52 参照。

(27) ゴルツ『独逸農業史』三三三〜三三五頁。リービヒは偉大な化学者だが化学の領域をこえて経済や歴史の領域にふみ込んだのが誤まりのもと、という彼に対する一般的な評価は、決して正しいとはいえないが、最近においても依然として同じ評価が続けられている――たとえば J. Nōu, *The Development*

of Agricultural Economics in Europe (1967), pp. 153–157, 318–319 参照。

(28) この点詳しくは第五章参照。

(29) これらリービヒ批判については、さし当り三沢、上掲論文を参照。

第二章　ローズおよびギルバートに代表される近代的農業論

一　農学の基本的性格

農学が科学となりうるためには、それは単なる経験的事実の集積としてではなく、科学的諸理論によって基礎づけられなければならないし、それらの諸理論はまた、当然事実による検証をへなければならない。

しかし、「合理的農業」というばあい、自然科学的合理性および経済的合理性を問題にせざるをえないように、農学なるものは、自然科学と社会科学——とりわけ経済学——という二つの異なる科学による基礎づけをもって成立するものといわなければならない。

そもそも農業においては、対象たる自然が、耕地とか牧草地、或いは改良された穀物とか家畜というように、すでに「人間化された自然」であると同時にそれらに働きかける人間が一定の社会関係のもとにある「類的存在」としての人間である以上、それは当然であろう。

ところでまた、農業においては、自然科学的に合理的であることが必ずしも経済的に合理的ではない以上、農学は科学をこえる思想としての性格をもたざるをえない。農学の思想は、農学において二つの科学が統一せしめられるかなめであり、さまざまな理論の取捨選択――価値判断――の基準をなす。したがって、その思想をもたないとき――或いはそれが、自己の利益を擁護するだけのイデオロギーに堕落(1)したとき――は、農学はもはや成立しえなくなる。実際、農学がヨーロッパにおける資本主義の発達とともに成立しながら、資本主義のその後の展開過程のなかでいちはやく滅亡に向って進んだのも、主としてそのためであった。

すでに述べたように、リービヒが彼のすぐれた農学思想――人間と自然との物質代謝に関する思想――を、無機的自然と有機的自然とをつなぐ自然循環の「化学的過程」として科学的に基礎づけたとき、その諸理論は、論争と彼の研究室における実験をへながら、彼自身によって展開されたのであるが、現実による理論の検証は、皮肉にも彼の主たる論敵ローズおよびギルバートの農場実験によってなされた(2)といってもよい。

十数年間にわたる彼らのお互いに歯に衣をきせぬ激しい応酬は、それを読むものにやりきれないおもいを抱かせるに充分であるが、その論争の過程で、リービヒの方が、彼自身のいうように、彼の論敵から新しい研究の素材をえた(3)と同時に、ローズおよびギルバートの方でも、永年にわたる農場実験によって或る種の――リービヒに対する反証を意図しながらかえって客観的にはそれを実証する形になった部分を含む——貴重な結論をえたという点に、われわれは救いを見出すことができる(4)。しかし、その論争の過程で、前者が彼の農学を資本主義批判の体系として展開していったのに対し、後者にあっては、ますますイギリス農学の——したがってまたイギリスにおける資本主義的農業の——現状肯定論的傾向を強めていったことも、否定しえない事実であった。

(1) 「思想」と「イデオロギー」をこのように区別したのは、常識的使いわけにしたがったにすぎない。なお、このような点については、梅本克己『唯物史観と現代』(岩波新書八九七、初版)一一三～一一四頁、一七六～一七九頁、参照。

(2) というのは、後にのべるように、リービヒの諸理論に対する反証のつもりで行なわれた彼らの農場実験が、客観的には逆の結果になったという意味においてである。

(3) リービヒは、つねづね「私の水車に対する最大の水の供給源は私の論敵の方にある」といっていた——Hofmann, *Life-Work of Liebig*, p. 32 参照。

(4) ついでにのべておけば、この論争は一八五〇年代の半ばごろまで続けられたが、同年代の終りないし六〇年代初め以後は、たがいに相手の方を名ざして批判するという仕方はしなくなっている。なお、ローズとギルバートのロザムステッドにおける実験が始まり、この論争が始まってから五〇年目の一八九三年には、バヴァリアの王立科学アカデミーのリービヒ財団から、ローズに対して「リービヒ記念銀メダル」が授与された——A. D. Hall, *The Book of the Rothamsted Experiments* (Revised by E. J. Russell, 1917) にのっているローズ略伝を参照。

第1表　ロザムステッドにおける小麦および大麦栽培実験結果

	小麦 (28年間平均)		大麦 (20年間平均)	
	穀粒 (ブッシェル)	わら (cwt)	穀粒 (ブッシェル)	わら (cwt)
無肥料	16	14	20	12
ミネラル肥料 (1)	17	15	28	14
過燐酸塩 (2)	—	—	26	13
アンモニア肥料 (3)	24	23	32	19
厩肥 (4)	33	32	48	28
窒素肥料(5)＋ミネラル肥料	35	35	50	32

〔備考〕 (1) 過燐酸塩 3.5 cwt., 硫酸カリ 200 lb., 硫酸ソーダ 100 lb., 硫酸マグネシウム 100 lb.　(2) 3.5 cwt.　(3) N＝43 lb.　(4) 14t/エイカー　(5) 大麦では (3) と同じ，小麦では (3) の2倍. ——A. D. Hall, *The Book of Rothamsted Experiments*, pp. 34–36, 73 より作成.

二　ロザムステッドにおける実験

ローズとギルバートは、ロザムステッドの実験農場で数々の実験を行なっているが、それらのほとんどは各種作物に対する肥料の効果に関するものであり、とりわけ穀物に対する窒素肥料の効用に関するものであった(1)。

一八四三年——この年は、ローズおよびギルバート両氏にとっては論敵リービヒが窒素肥料の効用を決定的に過小評価するにいたった『農業と生理学への応用における有機化学』の第三版が刊行された記念すべき年である(2)——以来、二八年間にわたる小麦作に関する施肥実験と、一八五二年から同七一年まで二〇年間の大麦栽培実験の結果は、基本的には次の四つに要約される。すなわち、

(1)　第1表から明らかなように、窒素肥料によって収穫は増大するが、窒素肥料と鉱物性(ミネラル)肥料を配

合したばあいに、穀物もわらもともに最も増大すること、
(2) 小麦栽培実験では、硫酸アンモニアと硝酸アンモニアだけでも穀物の収穫量はミネラルを含む配合肥料のばあいと同程度であったが、わらの方は五〇％近くも増大したこと(3)、
(3) アンモニア塩だけを施肥したばあい、通常の輪作（かぶ→大麦→クローバー→小麦）と自家肥料による施肥 home manuring というやり方に比べ、小麦が吸収する栄養素は燐酸では二倍、カリでは五倍、わらの成分たる珪素では二五倍も多くなること(4)、
(4) 家畜の飼料と肉量増大および糞尿に含まれる肥料分との関係を窒素だけについてみると、窒素摂取量一ポンドにつき、羊・豚・牛の体重増加は、それぞれ六・五、五・八、五・〇ポンドで、窒素排泄量は飼料中の窒素量のそれぞれ七七・八、八〇・〇、八一・八％にあたるということ(5)、以上であった。

かくして、ローズおよびギルバートが最も重視する窒素肥料についていえば、それは、鉱物質肥料——或いは少なくともそれを含む厩肥——と併用《かい》したばあいに最も効果的であり、それなしには葉や茎だけをいたずらに生長せしめるばかりか、土壌中の鉱物質をいちじるしく消耗せしめるということが明らかとなった。したがって、両氏においても、麦わら、乾草、根菜(6)等が販売されるばあいには、鉱物質の損失をしかるべき肥料をもって補充しなければならないというのであった(7)。

そればかりではない。上述の実験をさらに二十世紀初頭まで（通算六〇年間）続けた(8)結果、つぎのようなことが明らかになった。

(1) 無肥料で小麦を連作した圃場でも、地表から九インチまでの耕土にはエイカー当り二五〇〇ポンドという窒素の「厖大な蓄積」が存在すること(9)、

(2) 有機質がなくても小麦の収穫は増大するが、アンモニア塩だけではやがて「収穫が減少する」ばかりか、「作物は非常に不健全な外観を呈し、成熟も大分おくれるようになるとともに、極めて赤さび病 rust にかかりやすくなる」こと(10)、

(3) 「通常の輪作」を行なうばあいには、窒素の損失はクローバーを緑肥等に利用することによって「ほとんど補充される」し、厩肥ならエイカー当り一五トンを施肥すれば充分すぎるくらいで、むしろ豆科植物等は窒素が多すぎるとかえって減収になること(11)、

(4) ミネラル成分についていえば、小麦を無肥料で五〇年間連作しても、なおエイカー当り（九インチ深さまで）で燐酸三〇〇〇ポンド、カリ五万ポンドという「非常に大きな残量」が認められるほどであったが、それにもかかわらず豆科の作物や根菜類にはカリ肥料および燐肥料が重要で、大麦のばあいでも小麦に比べればはるかに多くのミネラルを必要としたこと(12)。

つまり、カリ分が流失しやすい砂質土壌ではもちろん、ロザムステッドの農場のように「もともとカリ分が非常に多量に存在」したところでも、大抵の作物にはカリ肥料が必要で、カリが不足

してくると燐酸の効果も低下する[13]ことからも明らかなように、総じて「農業の水準をあげる」ためには「より多くの窒素とそれに見合うカリおよび燐酸の補給が必要[14]」ということになった。一八九三年にギルバート自身が要約したところによれば、「通常の輪作」で穀物と肉だけを販売するばあい、ノーフォク式輪栽農業のように、麦わら、クローバー、根菜を肥料として土地にもどすかぎり、「失われる窒素は比較的わずか」にすぎず、窒素肥料を施すとすれば——穀物と肉の販売によって失われる燐、およびその他ミネラル成分はさらに少ないにもせよ——水に流失しやすく、かつすべての作物に燐よりも多く必要なカリを同時に補充することがのぞましいということなのであった[15]。そしていまや、彼はその理由を、植物は「窒素とミネラル類の双方があるばあい、空中から炭酸を同化し、含窒素化合物とともに多量の炭水化物をつくりうる[16]」というように説明するのである。

　このようにして、ロザムステッドにおける農場実験の科学的結論は、リービヒの主張していたところと大差ないものになっていったのであるが、自然科学的認識において決定的違いがなくなっても、合理的農業とか地力とかをめぐる価値判断においては、なお依然として基本的な見解の相違があった。なぜなら、彼らの農学思想が根本的に異なっていたからである。

(1) 彼らの実験結果は *Journal of the Royal Agricultural Society of England* (以下 *J.R.A.S.E.* と略す)に収録されているが、のちに *Rothamsted Memoirs on Agricultural Chemistry and Physiology* (7 vols., 1893-1900) としてまとめて出版された。

(2) 上述したように、『農業および生理学への応用における有機化学』第三版における窒素肥料についてのリービヒの見解の修正は、ローズ、ギルバート両氏と彼との論争の出発点をなしたもので、両氏はその変更をくりかえし攻撃している。

(3) J. Lawes, "Agricultural Chemistry" (*J.R.A.S.E.*, vol. VIII, 1847), pp. 20-21.

(4) Rev. Smith of Lois Weedon の実験結果では、それぞれ三・五倍、七倍、三七倍という数字が示されており、ローズ、ギルバートの実験よりもミネラル成分の摂取量は大きかった――Lawes and Gilbert, "On Some Points in Connexion with the Exhaustion of Soils" (*Report of the British Association for the Advancement of Science*, 1861), p. 2.

(5) J. Lawes, op. cit., pp. 30-33.

(6) ローズおよびギルバートは、リービヒと論争しているころは、根菜類も空中から窒素(アンモニア)を同化すると考えていたのであって、その点ではリービヒと同じであった――"On Agricultural Chemistry; especially in Relation to the Mineral Theory of Baron Liebig" (*J.R.A.S.E.*, vol. XII, 1851), pp. 7-9; do: "Reply to Baron Liebig's *Principles of Agricultural Chemistry*" (*J.R.A.S.E.*, vol. XVI, pt. 2, 1855――ついでながら、この論文は翌年ライプチッヒでドイツ語版パンフレットとして出版されている), pp. 78-79, 85, 90, etc.

(7) "On some Points……", p. 3; "On Agricultural Chemistry……", pp. 27-28, 36-38.

(8) この実験はローズおよびギルバートの死(一九〇〇年および一九〇一年)後も継続された――A. D.

Hall, *The Book of the Rothamsted Experiments* (1905, revised by E J. Russell, 1917) は、これら実験結果を最初から全体的に総括している。

(9) これは一八九三年における分析結果であり、以下にのべるミネラル成分の「非常に大きな残量」と同様、どのような形で存在したものかはわからないが、ギルバートのあとをついでロザムステッド実験農場長となったホールによれば、それはおそらく豆科の雑草とか地中のバクテリアによる空中窒素固定によるものであろうとのことであった——*Ibid.*, p. 38.

(10) *Ibid.*, p. 40.

(11) *Ibid.*, p. 215.

(12) *Ibid.*, pp. 38–39, 68, 80–83, 119, 122, 132, 215.

(13) *Ibid.*, pp. 47–49, 83, 119.

(14) *Ibid.*, p. 216.

(15) Sir Joseph Henry Gilbert, *Agricultural Investigations at Rothamsted, England* (U. S. Dept. of Agr., Bulletin No. 22, 1895), pp. 226–229.

(16) *Ibid.*, pp. 228–229.

三　近代的農学のイデオロギー

ローズおよびギルバート両氏の実験——したがってまた彼らのすべての議論——は、根菜↓大麦↓豆科の牧草↓小麦というイギリスの「通常の輪作」ordinary course of rotationを前提とし、その輪作が終ったところ——すなわち、小麦収穫直後のまだ施肥してない状態——から始まる。というのは、彼らにとっては、「農業とは自然の状態では生育しない土地において人為的に食糧および飼料作物の収穫をあげること[1]」であり、より具体的には「通常の輪作、自給肥料による施肥、穀物および肉だけの販売[2]」を意味するからである。いいかえれば、輪作の一サイクルが終ったとき、その土地は「農業的には地力のない状態[3]」――すなわち、そのままでは「地代を支払う借地農はいないし、地主も何らかの形で施肥することなしには作付けをさせない」ような「穀物のとれない状態[4]」a state of corn-exhaustion――にあるというのである。

これはリービヒの思想とは根本的に相容れない考え方である。実際、ローズおよびギルバート(とくにローズ)は、リービヒが農作物の栽培を自然状態における植物の成長過程と同一視していると非難すると同時に、彼の誤まりはすべてその点にもとづくと断言する[5]のであるが、リービヒの方は、両氏の実験では「そのような窒素肥料が良好な結果をもたらした前提条件が等閑視されている[6]」と反駁するのであった。

いかに肥沃な土地でも、農産物の販売と(水洗便所による)都市の「下水化」という自然循環の破壊が継続すれば地力は消耗してしまうと考え、したがって、「肥料の目的」は「本来の地力を回復せしめ、或いはさらに増大せしめる[7]」ことであるとするリービヒと、「実際上或いは農業的に不毛の状態」practically and agriculturally exhausted state を「通常の状態[8]」と考え、そこから出発するローズ、ギルバートの見解とは、最初からかみ合わない。それにもかかわらず両氏が、実際農業にとっての「前提条件とは耕されている土地と輪作のことである(9)」といい、リービヒのような「土壌分析をやるよりは、農業的に不毛な土地で栽培実験をやることの方が問題のより満足すべき解決たりうる」し、「分析的方法 analytic method よりも総合的方法 synthetic method」の方がはるかにすぐれていると主張(10)しつつ、実験を長期にわたって継続しえた社会的条件は何だったのであろうか。いうまでもなく、それは、彼らのいう前提条件がイギリス農業の現実、イギリス的資本制農業の実態にほかならなかったからである。

十九世紀のイギリス人にとっては、「人間化された自然(11)」はもはや処女地の豊沃性のイメージはもちろん、母なる大地のおもかげすらも失ってしまった。十八世紀後半から十九世紀初頭にかけての「農業革命」以来、イギリス農業がすっかりかわってしまったからである。十九世紀末にアメリカその他から大量の農産物が流入してきたとき、彼らは、肥料をまったく使わなくても向う数十年間は豊かな穀物収穫が可能であろうというそれら処女地の農業の実情を聞いて仰天することになるのであるが、当面においては、イギリス国内の多くの土地がやがてアンモニア肥料をもってしても「農業的に不毛」となるであろうなどとは——少なくともローズおよびギルバートには——思いもよらなかったのである。

ローズおよびギルバートの実験そのものが示すように(12)、彼らが「農業的に不毛」というのは、いうまでもなく作物はとれても採算がとれないということにほかならない。だから彼らが、

「栽培結果(=収穫)の大きな差異」は「土壌そのものの本来的性質(=自然的肥沃度)の差異というよりは土地の流動資本 floating capital of the soil の差から生じる(13)」というとき、それは、自給肥料による「ノーフォク式輪栽農業」を行ない、さらにはアンモニア肥料等を追加することによってのみ、資本主義的農業が可能となるということなのである。すなわち、資本主義的な観点からは自然の地力はゼロに等しく、地代論的にいえばイギリスのほとんどの土地はみな最劣等地なのであって、土地や農業の改良の度合い――経済学的にいえば同じ土地面積当りの追加投資の差異――が利潤や地代を生み出すということになる。

自然的肥沃度の差異はもちろん、自然的肥沃度そのものを無視してしまう彼らの頭の中には、差額地代はおろかそもそも地代とはなにかを理論的に問題にする余地はない。したがってまた、リービヒの理論に大きな関心をよせた地主たちとは異なり、誰が生み出したものでもない地力(=自然のままの土壌成分)の維持などは、彼らにとってはどうでもよかったのである。彼らは、リービヒのいう通り作物が奪いとった土壌成分を補充すれば翌年も同量の収穫が可能であるということを認めながら、「しかしこの理論の基礎が不健全 unsound である(14)」としてリービヒを攻撃する。資本家的農業経営者の頭脳しかもちあわせない彼らにとっては、採算がとれるほど収穫がないばあいには地力もなにもないものとみなす方が健全であり、したがってまた、ノーフォク式輪作を基礎とするイギリス的改良農業(当時の「ハイ・ファーミング」=多肥集約農業)こそは健全な基礎のうえにたつものにみえたのである。なぜなら休閑を行なうことにより「二年分の自然的収穫 natural yield を一年でまとめてとる(15)」二圃制ないし三圃制と異なり、彼らの時代のイギリス農業は、少なくとも「豆科の牧草と根菜類」によって窒素を増加せしめ、さらに購入肥料によって「大気・土壌が農業目的のために充分供給しえない成分を供給する(16)」という方法で収穫をあげていたからであった。

　ローズおよびギルバートが、作物の生育に必要なミネラル成分が地中になければならないというのはわかりきった「自明のことがら」truism(17)だとして問題にせず、もっぱら窒素肥料の効用のみを強調したのは、何よりも彼らが自然の地力の損失を意に介さない資本家的借地農業者の立場にたっていたからであるが、同時に彼らなりの自然科学的認識がそれを基礎づけていた。

　すなわち、彼らのロザムステッドの実験では、少なくともミネラル肥料よりは窒素肥料の方が効果的であったし、また、大都市周辺や特定地方のように乾草・麦わら・根菜類を販売するところではともかく、通常の輪栽式農業を行ない、穀物および肉だけを販売するかぎり、それによるミネラル成分の損失は「考えられるよりは少ない(18)」からであった。彼らによれば、かぶ→大麦→クローバー→小麦という輪作で、かぶとクローバーは畑で家畜に食べさせ、かつ、わらや厩肥も施肥したばあい、穀物の販売によって失われる燐・カリ・ナトリウムの量は一輪作(四年間)で二六〜三〇ポンド(燐)ないし二〇〜二四ポンド(カリ・ナトリウム)であり、彼らの引用している推計によれば、燐は約一〇〇〇年、カリは二〇〇〇年、珪素でも六〇〇〇年間は欠乏する心配はないのであった(19)。

しかしながら、彼らもやがて窒素だけではなくミネラル成分も欠乏するものであり、「農業的不毛」の原因になることに気づく。もっとも、彼らがそれに気づいたのは、化学的実験の結果によってではなくて、「農業大不況」という十九世紀末における農産物価格の暴落の結果によってであるが。

すでに明らかなように、ローズおよびギルバートのいう「農業的不毛」とは、一定の農産物価格のもとで採算のとれない unremunerative 収穫を――逆にいえば、一定量のアンモニア肥料の利用という追加投資によって「経済的肥沃度(20)」がえられるということを――意味しているのであるが、窒素と同じく植物栄養素たるミネラル成分についてかたるときには、彼らは農業的=経済的不毛ではなく「絶対的不毛」absolute sterility(21)を問題にしている。しかし、アンモニア肥料によってえられる一エイカー当り二四ブッシェルの収穫では採算がとれず、アンモニア肥料とミネラル肥料の併用によってえられる三五ブッシェルではじめて採算がとれるとすれば、そうした条件のもとではミネラル成分の不足が農業的=経済的不毛の原因である。

実際、彼らがミネラル成分は数千年間も心配ないとのべてから三〇年もたたないうちに、右のようなことが現実となった。第一に、第2表にみられるように、アンモニア肥料だけでは収穫が

第2表　ロザムステッド実験農場における小麦収穫

（エイカー当りブッシェル，10ヵ年平均）

	1844～51年	1852～61年	1862～71年	1872～81年	1882～91年	1892～1901年	1902～11年
無肥料	17.2	15.9	14.5	10.4	12.6	12.3	10.6
厩肥（エイカー当り14トン）	28.0	34.2	37.5	28.7	38.2	39.2	35.1
ミネラル肥料 (P,K,N_a,M_g)*	—	18.4	15.5	12.1	13.8	14.8	13.5
同　上＋アンモニア肥料**	—	34.7 (36.1)	35.9 (40.5)	26.9 (31.2)	35.0 (38.4)	31.8 (38.5)	30.9 (37.2)
アンモニア肥料**	25.1	23.2	25.1	17.3	19.4	18.4	18.4

〔備考〕 *　過燐酸塩 3.5 cwt.，硫酸カリ 200 ポンド，硫酸ソーダ 100 ポンド，硫酸マグネシウム 100 ポンド．
**　N＝86 ポンド，ただし，（　）内は N＝129 ポンドにしたばあい．
Hall, *op. cit.*, p. 36.

大幅に減少してしまったし(22)、第二に、アンモニア肥料とミネラル肥料を併合したばあいは、それら両成分（および有機質）を含む厩肥と同程度の収穫が続いたばかりか、さらにアンモニアをふやせば厩肥以上の収穫もえられたが、それも穀物（小麦）価格が三二シリング（クォーター当り）に低下すれば、当時の肥料価格のもとでは、せいぜいエイカー当り四〇〇ポンド（窒素量にして八六ポンド）程度が限度で、それ以上アンモニア肥料をふやしても、その追加投資部分は採算上マイナスになるということに気づかざるをえなくなった(23)。というのも穀物とくに小麦価格がアメリカからの安い農産物の大量の流入とともに、一八九〇年代には三〇シリング（クォーター当り）を割るようになったからである。

こうして、ローズおよびギルバートも、窒素を主体とする多肥集約農業、すなわち、購入肥料および濃厚飼料による「ハイ・ファーミング」は、「農産物の高価格の時代にのみ適合的である(24)」ということと同時に、窒素と同様にミネラル成分もまた「農業的不毛」の原因になるということを認識するにいたったのである。

とはいえ、このことは、彼らが自然の循環を維持することの重要性を——その意味において厩肥の重要性を——改めて認識するにいたったということではない。アメリカの新開地に比べ、イギリスの土地の肥沃度が「数世紀にわたって行なわれた地力掠奪」の結果として劣っていることがわかった以上、「作物が摂取しえない状態で残存する」土壌中の窒素・燐酸・カリ等を「吸収可能状態にかえる」か、或いはミネラル成分をも含むしかるべき人造肥料を施肥することが必要であると考えるようになったにすぎない(25)。つまり、依然として富の源泉たる土地の自然力=地力に対してではなくて、資本投下の結果=利潤のみに関心が向けられている。だから彼らは、一方ではアメリカの「プレリー」(大草原)の肥沃度が失われる年数を計算しつつ、他方では、持久性肥料等の形で投下した資本の「残された価値」の計算(=「テナント・ライト」補償額の算定)に憂身をやつす(26)のである。

ローズおよびギルバートが、土壌のミネラル成分は何千年も消耗の心配はないとのべてから一〇〇年もたたない一九四〇〜五〇年には、イギリスの年間肥料消費量は窒素(N)三〇万トンに対し、燐(P_2O_5)三五万トン、もっぱら輸入に依存するカリ(K_2O)でも三〇万トンというように、多量のミネラル肥料を必要とするにいたる(27)のであるが、こうした傾向は十九世紀末の「農業大不況」克服過程からはじまった。そして、それと同じくアメリカにおいても、一八八〇年にわずか七五万トンにすぎなかった購入肥料(人造肥料)の消費量は、一八九〇年には一四〇万トンに倍増し、さらに一九〇一年には三〇〇万トンをこえる(28)にいたるのであった。

工業的に生産される化学肥料の価格の低下が、このような肥料消費量の増大をもたらしたことはいうまでもない。しかしながら、いわゆる肥料の「三要素」として燐およびカリが窒素とともに大量に用いられるにいたったこと自体は、ローズおよびギルバートとリービヒとの論争――少なくとも肥料の効用に関する論争――の現実的結末を意味するものであったといってよい。

もちろん、ローズおよびギルバートがその必要性を認めたがらなかった自然的地力の維持を、資本家的農業経営者が重視したというわけではない。それどころか、ローズおよびギルバート流儀にいえば、「地主にとっての地力と資本家的借地農にとっての地力 the landowner's and the tenant's fertility を区別し、後者に対して商業的価値評価を行なう(29)」という傾向は、時代とともにますます明確になっていったのであって、たとえば十九世紀末以降のイギリスの「借地法」Agricultural Holdings Acts の歴史がそれをものがたっている。

ただ、ヨーロッパ――イギリスを含む――においては、借地契約のなかに地力(=「地主にとっての地力」)維持に関する条項が設けられ、輪作や施肥等々が借地農に義務づけられるのであって、それが日本の農業との大きな違いをなす。いいかえれば、農学の滅亡の方向が農業の化学化とともに始まったとしても、地力とはすなわち「土地本来の能力」the inherent capabilities of the soil[30]であり、したがって、土地から奪った養分はその土地にかえすという観点が、豆科の牧草や根菜類を含む輪作を中心とするヨーロッパ的「有機農業」を存続せしめるのであるが、それは、合理的農業(経営)をめざす近代的・資本主義的農学の影響によるものというよりは、むしろ逆に、農業における資本の自由な活動——作付けの自由とか農作物すべてを商品化する自由等——を制約する土地所有(地主)の抵抗によるものなのであった。

とはいえ、いうまでもなく、地主たちが「土地本来の能力」の維持にこだわったのは、それが富の永続的根源であり人類共通の財産だからではない。土地所有という独占から資本が完全に自由となったときには、人間の自然力(=労働力)と同様に、土地の自然力も完全に資本の生産力となるものであって、地主たちが自分の土地の自然力の荒廃を阻止する手だてはなくなり、隣の土地より地力のおとろえた自分の土地からは、よりわずかの地代しかえられなくなるからであった。

(1) J. Lawes, "Agricultural Chemistry" (*J.R.A.S.E.*, vol. VIII), pp. 4–5, 16–17.
(2) Lawes and Gilbert, "On Some Points in Connexion with the Exhaustion of Soils" (*Rothamsted Memoirs*, vol. I), pp. 2–3, etc.
(3) Lawes and Gilbert, "Reply to Baron Liebig's *Principles of Agricultural Chemistry*" (*J.R.A.S.E.*, vol. XVI, pt. 2), p. 25; do: "On Agricultural Chemistry, especially in Relation to the Mineral

Theory of Baron Liebig" (*J.R.A.S.E.*, vol. XII), pp. 4–5, etc.

(4) "Reply", pp. 25–26.

(5) "Agricultural Chemistry", pp. 4–5.

(6) Liebig, *Principles of Agricultural Chemistry; with Special Reference to the late Researches made in England* (*Die Grundsätze der Agrikulturchemie mit Rücksicht auf die in England angestellten Versuche*), 1855, pp. 59–60, 78–79.

(7) これはリービヒの一貫した考え方であり、各所でのべていることである。

(8) Lawes and Gilbert, "On Agricultural Chemistry", p. 4.

(9) "Reply", p. 9.

(10) この点、"On Agricultural Chemistry", p. 5 を参照。もっとも、彼らも後には土壌分析の必要をさとり、それを行なっているが、そのときはロザムステッド実験農場の土壌にはカリおよび燐のみならず、窒素も多量に存在することを確認することになった——前節の注(9)、(12)および Lawes and Gilbert, "Royal Commission on Agricultural Depression and the Valuation of Unexhausted Manures" (*J.R.A.S.E.*, 3rd Ser., vol. VIII, 1897), pp. 678–679 を参照。

(11) マルクス『経済学・哲学草稿』。

(12) 第1表および第2表、参照。

(13) Lawes and Gilbert, "On Agricultural Chemistry", p. 5.

(14) Lawes, "Agricultural Chemistry", pp. 3–4.

(15) Ibid., p. 17.

(16) Ibid., p. 5, pp. 16–17, 28–29. もっとも、リービヒにいわせると、休閑もアンモニア肥料も同様に土壌成分の損失を増大せしめるものであり、或いは、より少ない肥料でより多くの収穫をあげる方法ということになる——*Organic Chemistry* (1840), pp. 159–161; *Letters on Modern Agriculture*, p. 68, 83, etc.

(17) Lawes and Gilbert, "On Agricultural Chemistry", pp. 39–40.

(18) Ibid., pp. 36–39; do: "On Some Points in Connexion with the Exhaustion of Soils", p. 3.

(19) Ibid., p. 3; "On Agricultural Chemistry", pp. 36–39. なお、これは *Annalen der Landwirtschaft*, XIV に掲載された Magnus の報告にもとづく。

(20) この点、マルクス『資本論』、「差額地代Ⅰ」の章を参照。

(21) これは、土壌中のミネラル成分無限論を展開したヴァルツ Gustav Walz を批判したリービヒの表現——Liebig, *Letters on Modern Agriculture*, pp. 150–158 参照。

(22) リービヒは、すでにシャッテンマン Schattenmann の実験(一八四三年)その他にもとづいて、アンモニア肥料だけでは収穫が減少するにいたるであろうとのべている——*Ibid.*, pp. 73–83.

(23) Hall, *op. cit.*, pp. 46–47.

(24) *Ibid.*, p. 46.

(25) この点、Lawes and Gilbert, "The Royal Commission on Agricultural Depression", pp. 677–679 を参照。

(26) Ibid., pp. 680–711. なお両氏(とりわけローズ)は一八七〇年以来同じ問題について数多くの論文をかいている——詳しくは別の機会にのべる。

(27) 加用信文監修『世界農業基礎統計』二五四～二六〇頁。

(28) *Historical Statistics of the United States*, p. 285.

(29) Lawes and Gilbert, "The Royal Commission", p. 711.
(30) Agricultural Holdings Act (1883), Sect. 1.

四 イギリスのリービヒ

十九世紀末イギリス農業に手痛い打撃を与えつつあったアメリカの安い穀物の大量の流入が止まるようにねがってやまないローズおよびギルバートは、アメリカやカナダの土壌分析を試み、耕土中の窒素成分がイギリスよりも二倍ないし三倍も多いということを発見する(1)。他方、上述のロザムステッドにおける彼らの五〇年間にもおよぶ実験の結果から、彼ら両人は、無肥料で小麦を毎年連作しても、その収穫が、エイカー当り一二ブッシェル程度の水準におちついてからは、ほとんど低下しないという結論を引き出す。

そこで彼らは、一方では、イギリスの耕地が無肥料でも「アメリカの平均収量以上、世界の主要小麦産出国全体の平均収量相当」の収穫をもたらし続ける(2)ということに意を強くすると同時に、他方では、アメリカの新開地の肥沃度が、一〇年や一五年では消耗しそうになく、したがってアメリカからの穀物流入も、当分減少しそうにもないとして落胆する(3)のであった。

しかし、彼らのこうした推論には、重大な事実誤認と理論的誤謬が含まれていたのであって、それを無批判に容認するわけにはいかない。

すでにリービヒが、ケアリー H. C. Carey やアメリカ議会の報告等をもとに指摘していたように、アメリカの開拓地の肥沃度は急速に低下しつつあったのであって、たとえばニューヨーク州では、小麦の平均収量(エイカー当り)が過去八〇年間に二五〜三〇ブッシェルから一二ブッシェルに低下したほか、トウモロコシも、一八四四〜五四年のわずか一〇年間に、二四・七五ブッシェルから二一・〇二ブッシェルに減少した[4]。それは、リービヒの表現をかりれば、アメリカ農業者たちの「大々的な破壊行為」the grossest Vandalism すなわち「公然たる掠奪農法」の結果にほかならず、したがって下院委員会は、農業教育の必要性から、州ごとに農学校を設立する法案を可決することになったのであった。

それればかりではない。「イギリスのリービヒ[5]」ジョンストン J.F.W. Johnston の『アメリカ見聞記』によれば、一八三〇年代の終りごろには小麦がニューヨークやカナダからアメリカ西部に送られていたのに、一八五〇年には逆に西部から東部に向けて莫大な小麦が送られるようになったのであるが、それというのも、「土地から第一のうまい汁を吸いとる人」が「豊富な余剰小麦を市場に送ることができる[6]」からなのであった。

すなわち、いわゆる“Frontier Movement”という形で西部の開拓が進められたのは、第一に「肥料を施さずに、しかもまったくただ表面を耕すだけで」収穫が可能[7]であるという処女地=アメリカ大草原 prairie の豊沃性のゆえであったが、第二には、比較的早期に開拓された土地が処女地の豊沃性にたち打ちできずに小麦からトウモロコシないし放牧地等へと転換されてもなお、「イギリスの大土地所有者たちを二度殺せる(8)」に充分なほどの広大な未開拓地が残っていたためである。

いいかえれば、ローズおよびギルバートの推論のようにアメリカの新開地の肥沃度が――したがってまたエイカー当りの生産高が――イギリスに比べて途方もなく高かったがゆえに、大量のアメリカ小麦の輸出が続いたのではなくて、むしろ、マルクスがジョンストンを引用しつつのべているように、広大な処女地の存在――すなわち土地の広さが――、イギリスの穀作地を競争圏外に追いやった(9)。つまり、イギリスにおいては、エイカー当り一二ブッシェル程度の収穫では採算がとれず、ローズおよびギルバート流儀にいえば「農業的に不毛」の状態を意味するにほかならなかったにしても、アメリカの新開地においては、エイカー当り一二ブッシェルの収穫は、充分に採算に合うのであった。

しかも第三に、衣服とか農機具その他の必需品はすべて世界市場を通じて供給されるという「世界市場での分業」が、アメリカ西部の人口を「ほとんどもっぱら農業だけに従事」させ、「彼らの余剰生産物の全部」が「穀物の形で現われる」ことを可能ならしめた(10)のであって、総じてこのような三つの要因が、アメリカの安い穀物の大量輸出の経済的基礎だったのである。

無肥料で六〇年間も小麦を連作しても、なおロザムステッドの耕地にはカリや燐酸が豊富に存在したばかりか、豆科の雑草や土壌細菌等の空中窒素固定作用が土壌中の窒素分をある程度維持する役割を果たしたとはいえ、いうまでもなく、土壌成分は全体として確実に減少したし、現に収穫も、引続き減少傾向を示した(上掲第2表、参照)。イギリスにおける無肥料栽培実験と同様、アメリカの掠奪農業も、それほど急速な地力消耗をもたらさないというローズおよびギルバートの推論は、結局のところ、地力——誰が生み出したものでもない、したがって、経済学的な意味での「価値」をもたない、土地の自然力——の消耗を意に介さない資本家的農業経営者の視点に立脚した速断にすぎなかった。

リービヒが彼の批判者たち——とりわけローズおよびギルバート——との論争の過程でえた一つの重要な結論は、都市と農村との分離＝農産物の商品化、および大都市の「下水化」が、「植物栄養素の大量の流失」をもたらすということであり、したがってまた、いかに豊かで土地の肥沃な国でも、農産物を輸出する一方で肥料による養分補給を行なわなければ、地力は維持しえないということであった[11]。

自然の循環を絶ちきる形での商品流通が土地の自然力を失わせるという点では、国内市場も世界市場も変りはない。マルクスがジョンストンの『アメリカ見聞記』に着目し、彼を「イギリスのリービヒ」とよんだのも、「世界の工場」たるイギリスとその「周辺農業諸国」の一つにほかならないアメリカとの関係についてのジョンストンのすぐれた洞察を評価したからであった。すなわち、アメリカからの大量の農産物輸出は、処女地の「第一のうまい汁」を輸出することであり、見返りなしの地力の輸出を意味するものであって、アメリカの処女地が無限の豊沃性をもつわけでもないのに、それを可能ならしめているのは土地が広大であるからにほかならない、というジョンストンのリービヒ流の観察に着目したためなのであった。

一八四四年に出版された『化学と地質学の農業への応用に関する講義』*Lectures on the Applications of Chemistry and Geology to Agriculture* のなかで、ジョンストンはすでに「アメリカの新開地……のような不精な農耕方式 slaggish system は、人口増大とともに早晩ダメになる」にちがいないことを予言し、「改良農業」によって「最大の収穫」をあげるイギリス式の農業が必要になるであろうとのべていた(12)。

彼は、当時における「フムス説」の代表者ムルダー G. J. Mulder と個人的に親しかったし、いろいろの点でリービヒに対して批判的であった。上の著書においても、リービヒの功績を評価するような叙述はほとんどない。しかし、彼の休閑とか輪作、土地改良（「物理的」および「化学的」方法の二つを含む）等に関する理解がリービヒのばあいとほとんどまったく一致する(13)のみならず、農業を物質代謝の観点から把握するという点においても、完全にリービヒのばあいと同じである。

たとえば、彼によれば、土壌は水・空気・熱を保持し植物を支えるという「物理的機能」と、

「空気・水のたすけにより絶えず化学変化が行なわれる作業場 workshop」ともいうべき「化学的機能」とをもっている(14)。したがって農業とは、「これら二つの機能を助長せしめること」であり、同時に、とくに「不足した無機質栄養素を供給すること」が「農家の任務」(15)ということになる。

無機質栄養素の補給を重視する点は、ローズおよびギルバート両人とジョンストンのちがいであるが、さらに彼は、人間や家畜の糞尿の利用が「大きな国家的利益」になることを強調し、そもそも、「陸地から日ごとに流出する肥料分 enriching matter を、われわれが魚や海底小動物や海草等の形で、その十分の一でも取りもどせると信じられるであろうか」という(16)。

無機質類の損失のなかでもとくに燐酸の欠乏に目を向ける彼が、燐酸の「自然的源泉」としては燐灰石 apatite とか燐灰土 phosphorite があるにしても、それらはどこにでもあるわけではなく、一般的に存在するのは動物の骨に由来する燐酸石灰 earth of bones であるという点を指摘(17)するとき、その視点はまさにリービヒのそれと共通していたといえる。また、植物の成長の「第一段階」では「種子の澱粉がガムと糖分に転化」し、葉がひらいた「第二段階」では「木質繊維に転化」し、「最終段階」の種子形成過程では第一段階と「まったく逆の過程——糖分のデンプンへの転化——が進行」するといい(18)、それにつづく植物と動物との物質代謝過程について、植物体内の「摂取しやすい形の諸物質」ready-formed substances と動物体内の諸物質との間の「みごとな連関」so beautifully connected together を説明[19]するとき、ひとは、ホフマンが「すばらしい哲学的把握」と称賛し[20]、ジョンストンの弟子ノートン J.P. Norton がその「理論の哲学的みごとさ」のゆえにかえってアメリカの農業者には受けいれ難いものとして敬遠[21]したリービヒの思想との親近性を見出すであろう。

（1） Gilbert, *Agricultural Investigations*, pp. 165–171. なお、ロシアの土壌もほぼアメリカ並みであった。

（2） この点は実験の後継者ホールによってくりかえされる (Hall, *op. cit.*, pp, 41–42) ばかりでなく、現在でも多くの人びとがそのように信じている——たとえば G. E. and K. R. Fussell, *English Countryman, His Life and Work, A. D. 1500–1900* (1955), p. 17.

（3） Gilbert, *op. cit.*, pp. 169–171.

（4） Liebig, *Letters on Modern Agriculture*, pp. 179–183, 220–221. この点に関連してはなお、拙著『近代的土地所有——その歴史と理論』（東京大学出版会）二〇四〜二〇八頁、二二四〜二二五頁を参照。

（5） これはマルクスの表現——「マルクスからエンゲルスへ」（一八五一年一〇月一三日）、『マルクス・エンゲルス全集』第二七巻、三〇七頁、参照。

（6） J.F.W. Johnston, *Notes on North America, agricultural, economic and social* (2 vols., 1851), vol. I, pp. 222–223. 『マルクス・エンゲルス全集』第二五巻第二分冊、八六三頁、参照。

（7） 同上、二五六頁。

（8） エンゲルスは同じような表現を各所でくりかえしているが、さし当り『全集』第二五巻第二分冊、八六六頁、九三四頁、参照。

（9）同上、二五六頁。

（10）同上、八六四〜八六五頁。

（11）この点、前述、第一章を参照。

（12）Johnston, *Lectures on the Applications of Chemistry and Geology to Agriculture* (N.Y.), p. 11.（このアメリカ版は刊行年次が入っていないが、エディンバラで出版された第二版——一八四七年——以後のものと思われる改訂版）

（13）*Ibid.*, pp. 303-304, 491-498, etc.

（14）*Ibid.*, p. 298.

（15）*Ibid.*, pp. 177-178, 298.

（16）*Ibid.*, pp. 461-478. とくに p. 464 参照。なお、この点は後述のコンラートの説とは全く対比的である——第三章、一〇七—一〇八頁、参照。

（17）*Ibid.*, pp. 196-199, 348.

（18）*Ibid.*, p. 140.

（19）*Ibid.*, pp. 617-618.

（20）後述、第五章㈢、注（5）を参照。

（21）五、注（3）を参照。

五　アメリカのリービヒ

「イギリスのリービヒ」ジョンストンが、アメリカにおける掠奪農業とその結果である地力の減退に注目したとき、「アメリカのリービヒ(1)」たちは農業改良のための土壌分析や肥料分析に熱意を傾けつつあった。

皮肉なことに、「イギリスのリービヒ」ジョンストンをアメリカに招いたのは、リービヒの学説に反対 "anti-Liebig" のノートン J.P. Norton であった。ジョンストンがリービヒの論敵ムルダー G.J. Mulder と親交があり、その両者にノートンが師事した関係からいえば、それはむしろ当然のことであったが、ジョンストンの『アメリカ見聞記』がアメリカ農業の掠奪的性格を批判し、ノートンの「もうかる化学」を非難する結果となったとき、ノートンは師の「イギリスのリービヒ」から訣別するとともに、リービヒやジョンストンの農学の思想からますます遠ざかるのであった(2)。

ギーセンのリービヒの研究所にいくか、それともエディンバラのジョンストンの研究所に行くかで迷った末、ノートンが結局後者を選んだ理由は、リービヒの書物が「その独創性と理論の哲学的みごとさにもかかわらず、農業経営者にたいして、頼りになるのは農芸化学ではなくてすぐれた洞察力であるという印象を与えかねない」という点――いいかえれば、ジョンストンの農芸化学の方が、「実用的」であるという点——にあった(3)。それゆえ、彼の設立したイェール分析試験所 Yale Analytical Laboratory が年額二〇〇ドルの授業料をとって研究者を養成し、また、土壌の定量分析に二五〜三〇ドル、水質検査に三〇ドル、石炭の品質検査に二〇ドルを彼が要求したとしても、少しもおかしくはなかった。

奇妙な点はむしろ、リービヒを非難し、ムルダーのかたをもちながら、彼が無機質論的土壌分析に熱中したというところにあった。もっとも、彼のリービヒ批判の中心点は、植物中の窒素の源泉とか動植物蛋白の性質、植物に対する石灰とかリービヒの特許肥料等の効用、等々をめぐるリービヒの見解に向けられていたといえないこともないし、また、彼の化学的分析の方法はリービヒ自身のものというよりリービヒの弟子たちによって発展せしめられたものであるということも可能であったかもしれない。しかし、いずれにしてもノートンが、土壌分析や肥料分析にあたって「ひそかにリービヒの無機質論をとり入れていた(4)」ことは否定できない。それどころか、ロシター女史の指摘するように、ノートンは、経済的利益という観点から土壌分析や肥料分析に熱中したのと同様、執拗にリービヒ批判を行なうとき、「そうすることを得策と考えた(5)」のであった。

とはいえ、実用主義的農芸化学はノートンだけの専売特許だったわけではない。ノートンのヨーロッパ留学と同じころ(一八四〇年代後半)、リービヒのもとで研究したホースフォード E. N.

Horsford にしても、ドイツ(ギーセン)式の研究所を設立した理由は極めてプラグマティックなものであったし、その「リービヒの研究所をアメリカに輸入する試み(6)」が結局失敗に終ったのちには、彼自身化学工業会社の経営者に転身するのであった。

また、ノートンが流行させた土壌分析熱からさめたアメリカ農村には、農芸化学不信の波がおしよせるのであるが、その不信の中から農芸化学を救い出そうと努力した「リービヒとノートンの弟子(7)」ジョンソン S. W. Johnson においてすら、アンモニアと燐酸の含有量の測定によって人造肥料の品定めをするのであった。もっとも、彼の意図はニセ肥料や山師的化学者を排除する点にあり、彼の真の目的はむしろ、不完全で実用的ではない土壌分析や植物分析の方法を改善せしめるための試験所の設立——彼の言葉をかりれば、「リービヒの残した農芸化学上の諸問題の解決」、とりわけ「理論と実際とのギャップをうめる」こと——にあった。だから彼は、市販されている何十種類の人造肥料の分析を行なっても一セントの金も受けとらなかった。しかし、そのかわりに彼は、コネクティカット州農業協会 Connecticut State Agricultural Society に対し、専属技師として年俸四〇〇ドルで雇用するよう要求したし、さらに、農業試験所設立資金八〇〇〇ドルを要求した。そして、三〇年にわたる努力のすえ、一八七七年にようやく州立試験所が設立されたときには、肥料分析ばかりか牛乳の成分分析までおしつけられる羽目におちいるのであった。すなわち、一たび農業者の金銭的利益に直結する化学分析を手がけたからには、周囲の人びとや州がそれの続行を半ば強制したのであって、それというのも、そうした研究施設が、「ニセ肥料で数千ドルを失うよりは四〇〇ドルの専属技師をおく方が得になる(8)」というジョンソンの「一文惜しみの百知らず」をいましめる警告の所産であってみれば、むしろそれが必然的結果であったというべきであろう。

つまり、「リービヒやノートンほど科学的農業が容易に実現しうるものとは考えなかった(9)」ジョンソンにしても、リービヒにあっては人間と自然との物質代謝という観点において密接不可分の関係にあった農学の思想と科学とをきり離し、もっぱら実用的農芸化学の発展のために力をそそいだという点では、リービヒの「理論の哲学的みごとさ」を最初から見すててしまったノートンのばあいと基本的に大差はなかったのである。

(1) 「アメリカのリービヒ」という表現はロシター女史の表現であるが、彼女は、リービヒの影響をうけて一八四〇〜一八八〇年代に活躍したアメリカの農芸化学者たちをそのようによぶと同時に、とりわけリービヒの教えを直接受けたホースフォードを「アメリカのリービヒ」といっている——Margaret W. Rossiter, *Emergence of Agricultural Science, Justus Liebig and the Americans, 1840–1880* (1975). なお、ロシター女史は現在カリフォルニア大学の助教授であるが、同大学の大学院に在学中の森建資君から公刊早々本書を航空便で送って頂いた。同君に感謝の意を表しておきたい。

(2) これらの点に関しては、*Ibid.*, pp. 101–102, 105–108 参照。

(3) *Ibid.*, p. 96.

（4）*Ibid.*, pp. 116–119.

（5）*Ibid.*, p. 117.

（6）*Ibid.*, p. 87.

（7）ジョンソンは、リービヒがミュンヘンに移ったとき（一八五四年）、彼の新しい研究室で教えをうけた。J・ローズおよびJ・ギルバートの批判に対するリービヒの反論の英訳 *Relations of Chemistry to Agriculture and the Agricultural Experiments of Mr. J.B. Lawes* (1855) があるほか、*How Crops Grow* (1868), *How Crops Feed* (1870) の著書がある。

（8）Rossiter, *op., cit.*, pp. 153–154, 170.

（9）*Ibid.*, pp. 132–135.

六　日本のリービヒ

わが国の「泰西農学」は、西洋農書の翻訳と外人教師の招へいから始まる。

翻訳農書としては最も初期のものに属するトーマス・フレッチャーの『泰西農学』がリービヒ批判から始まっていた[1]ように、明治十七年に翻訳出版された「イギリスのリービヒ」ジョンストンの『農芸化学および地質学入門』においても、「リィビッグ（リービヒ）氏の説を破りたるはロウス、ジルベル（ローズ、ギルバート）両氏なり。……農学諸大家の多数説もリ氏の鉱物理論に反対せり[2]」というぐあいになっていた。しかも、一八八一年までの三〇年間にわたるローズおよびギルバートの実験結果から、「ロ氏・ジ氏の説は凡て耕作物は含窒素肥料と鉱物質肥料の両種を需要するの義で鉱物質を無用と云うにあらず」という結論を引き出し、「リ氏も晩年の著書には鉱物質肥料へは必ず常にアンモニアおよび其の塩類を合和すべきことを記載せり(3)」というのであった。

そのように、リービヒがローズ、ギルバート両氏の軍門に下って肥料論争はめでたく落着、というのでは、リービヒの「窒素説」批判の真の意味はわからなくなってしまうし、総じて、人間と自然との物質代謝についてのリービヒの科学と思想が見失われてしまうのは当然であった。

もちろん、同じくイギリス人の手になるものでも、明治二十年に翻訳・出版された『斯氏農書』のように、「吾人の耕種せし作物の為めに土中より取去りし鉱分を含窒素物と抱合し、且つ植物の吸入に便なる形態となし土地に還附すれば必ずその応験の大なるべき(こと)確実」なるがゆえに、植物の「成長および健全に至要なる充分の(諸鉱分の)分量」を「特殊肥料」として与えるべきであるという注目すべきものもあった(4)。ところが、それとほぼ同じ時期に翻訳・出版されたドイツ人シュリップの『通俗農家必携』では、「特効肥料」と「鉱物性肥料」の関係が明確でないままに、「鉱物性肥料は多くは直ちに圃壌中の滋養分を増加するものにあらず、唯土壌中に現存する物質をして速かに分解し、かつ溶解し易からしむるの効あるのみ。すなわち間接肥料と称す」ということになっていた(5)。

他方、明治になって来日した外人教師たちのばあいはどうであったか。

すでにのべたように、駒場農学校の試業科教師J・ベグビーは、イギリス流の輪栽式農業を教えた(6)。しかし、周知のように、牧草(とくにクローバー等の豆科の牧草)と根菜を含む輪作――したがって、家畜の糞尿や牧草類や麦ワラ等をもとの畑にかえすヨーロッパ的「有機農業」――は、一部の大農場を別とすれば一般には普及しなかった。

初代のイギリス人教師たちに代ってやってきた同校のドイツ人教師の一人ケルネル O. Kellner は、「土壌肥料学を完全に授けんとするためには、泰西農学の直訳では役に立たない。どうしても日本の諸条件による研究から出発せねばならないと深く決心(7)」し、当時の日本の主要肥料であった人糞尿の分析をはじめとする各種肥料の実験研究、各地の土壌分析、石灰の土壌有機物分解作用の研究等々、数多くの業績を残し、多くの後継者を養成した。しかし彼のばあい、いわゆる「三要素」――具体的には「硫酸アンモニア」、「燐酸ソーダ」、「炭酸ポッタス(カリ)」――で「完全肥料」となると考えたのであって、堆肥とか油粕、干鰯、人糞等々に燐酸肥料を併用すれば「完全肥料となる」ということでも、その意味するところは同じであった(8)。

これに対し、フェスカ M. Fesca は、いわば「日本のリービヒ」であった。たとえば明治二十年に房総会によって出版された講演録『肥培論』は、一、「作物のために地中より取り去りたる種々の養料《ヤシナイ》は肥を以て還さざるべからず」、二、「地中にある一の養料乏しくなるときは外《ホカ》の成分にては之を補うこと能わず……一養料にても少量なるときは、その少量に応ずる丈《ダケ》の収穫ならでは作物に望むこと能わず」、という「リービヒ氏の二つの格言」——すなわち、いわゆる「完全補充」の理論と「最少養分律」——を「誠に肥を施すの目的」を「最も簡単にして能く意味を尽し」たものとし、全面的にリービヒの理論にそった説明を展開している(9)。だから、一方では、「農家の身となり考うるときは、作物が吸い取りたる各種の養料を悉《コトゴト》く土地に還すは計算に合わぬよう思わるるかは知らざれども、力の及ぶ限りは之を勉むるこそ農家の本分というべし」といって、リービヒ流儀の合理的農業論を説くとともに、他方では、「例えば油を取る作物をつくるに当って……油をしめずして種子のまま販売するとき」は、「油のみを販売して油かすをその土地の肥に施す」のに比べ「多量の養料は他に輸出することとなる」がゆえに、「農業と工業を兼ね営むの必要なることを思い出すならん」というように、農工分離＝農産物商品化に対するリービヒ的批判をくりひろげるのであった(10)。

それゆえ、もしもケルネルの化学と「日本のリービヒ」フェスカの思想とが一体化されたとすれば、その後の日本の農学は大いに異なるものとなったであろうし、先祖伝来の経験的方法にすぎない日本的「有機農業」(＝人糞尿肥料等による「循環」の維持)も、人間と自然との物質代謝に関する科学として展開されたかもしれない。

われわれは、明治の末ちかくなってから出版された鈴木梅太郎の『改訂肥料学原理』が、すでに、「世間普通に行なわるる肥料書が主として肥料そのものの性質効用等に詳しくして植物および土壌等との関係を論ずること簡に過ぐるの欠点(11)」を指摘していたことを忘れてはならないであろう。それが、わが国における自然科学のあり方に疑問を投げかけたものであったというならば、「日本のリービヒ」にはいわば二つの魂——自然科学的に合理的な農業を追求するリービヒの魂と、日本農業の「収穫の寡額」性の改善を「農制上の改革」に求める(12)、いうなればテーア A. D. Thaer の魂——があって、後者の視点がもっぱらその後における日本の農政学或いは農業経済学の基調となっていった(注)というところに、やがて今日のように、農学のありように関して疑問がもたれ、反省が行なわれるにいたる根拠があったといえる。

いいかえれば、「アメリカのリービヒ」と同様「日本のリービヒ」の後裔たちが、当時の農業者とのかかわり合い方においてはちがっていたにしても、いずれも合理的農業に関するリービヒの基本的思想を離れてその化学だけを受けついだというところに、問題の根源がある。

(注)　フェスカの『日本農業及北海道殖民論』(明治二十一年)、『日本地産論』(明治二十四年)をつらぬくものは、「農業改良按」(明治二十一年)に要約的に示されている「農制の一大改革」論であったといってよいが、そのばあいの彼の指針となったものは、「英国に於ていわゆる『ノルフォルク』輪栽法と称するものに類せる独国『フルヒトウエクセルシャフト』(Fruchtwechsel[wirt]schaft)輪栽法と称するもの」が「すなわちドイツ改良農制の胚胎」(「農業改良按」)であるという、まさにテーアの合理的農業論であり、そしてまた、「シュタイン・ハルデンベルクの改革」に貢献したテーアの「ドイツ農業の

改革者」としての魂であった。

もっとも、イギリス流の輪栽式農法が営利性の観点においてのみならず地力維持の面においても最も合理的であるという信念がグラつき出したとき、合理的農業を求めるテーアの魂は早くも二つに引き裂かれた(わが国におけるテーアの「合理的農業」論をめぐる古くからの論争は、結局のところこの点に根ざしている)のであって、その意味では、テーアがすでに二つの魂をもっていたといってもよい。

それに比べれば、フェスカはより自然科学者的であり、日本にくる数年前のイギリス農業調査研究(M. Fesca, *Landwirtschaftliche Studien in England und Schottland*, 1876)においても、「ノーフォク式輪栽農法を輪作理論の最も単純かつ最もみごとな実現形態とみなすのは、大いに疑問である」(*Ibid*., SS. 18–19)といってその欠点を指摘していたし、施肥の実態についても、ロンドンやエディンバラ、ベドフォード等の都市における下水(人糞尿)の利用に注目する(*Ibid*., SS. 42–48)と同時に、多くの農業経営者たちが「理論をしらず経験にたよっ」ているがゆえに、一輪作でかなりの地力消耗がおきていることを分析をもって示していた(*Ibid*., SS. 26–33)。また、来日以後における各地の土壌分析を『地産論』とし、ドイツ農業経営学に伝統的な「土地資本」概念ではなく、土地の使用価値視点を重視して土地＝財産と把握した点も、注目に値するであろう。

いずれにしても、フェスカの『イギリスおよびスコットランド農業研究』には、イギリスの資本制農業批判という基本的視点が含まれていたし、しかもそれは、リービヒに強く影響された科学的＝地力維持論的な批判だったのであって、そのような視点が、日本に来てからの彼の『肥培論』につながるといってよい。

しかし、わが国の農政学や農業経済学のなかに受けつがれるのは、そのようなフェスカではなく、収穫の増大のために「家畜生産と作物種芸」の「併行」をとき、輪栽式とともに深耕や排水、多肥の必要性をとなえる、いわば「農業改良按」のフェスカであった(13)。

(1) ゾーマス・シ・フレッチェル『泰西農学』(緒方儀一訳、明治三年)上巻、五〜七頁。

(2) 『戎氏農業化学』(片山遠平訳、明治十七年)、五七〜六〇頁。ここでは現代カナ使いになおしてある(以下同じ)。なお、本書については、**四**の注(12)、参照。

(3) 同上、六三〜六五頁。傍点引用者。

(4) ヘンリー・ステファン『訂正斯氏農書』(岡田好樹訳、明治二十年)巻之五二「特殊肥料の効験」——川崎一郎『日本における肥料及び肥料智識の源流』(一九七三年)六九〜七二頁、参照。

(5) 関澄蔵訳『通俗農家必携』(明治十七年)第三六章、四二章、四三章。川崎、上掲書、九〇〜九一頁。「特効肥料」が「完全肥料」に対比されていることはいうまでもないが、シュリップの翻訳書のばあいは、燐酸石灰・加里塩・アンモニア塩のほかに、一方では「メルゲル」(泥灰土)・焼石灰・石膏等をグアノや骨粉等とともに「特効肥料」に含め、他方では、焼石灰・泥灰土・木灰等とともに「汚泥」や「堆肥」(ただし「混淆肥料」)その他を「鉱物性肥料」としている。なお、一九一一年に出版さた増補改訂版 (*Schlipfs populares* **Handbuch** *der Landwirtschaft*, 17 Aufl.) には、このような記述は見当らない。

(6) 序章、参照。

(7) 川崎、上掲書、一四八頁。なお、ケルネルの研究の主要部分は、O. Kellner, *Agriculturchemische Untersuchung, aus dem Laboratrium des K. Japanischen landwirtschaftlichen Instituts zu Tokio (Komaba)*, Berlin, 1883 u. 1886 にまとめられている。

(8) 同上、一九四〜一九五頁。

（9）独逸プロヘスソル・ドクトル・マックス・フェスカ氏演説『肥培論』（渡部朔訳述）、六〜八頁、二三頁。川崎、上掲書、一三六〜一三七頁。
（10）同上、一三七〜一三八頁。
（11）同上、一三三〜一三四頁。
（12）フェスカ「農業改良按」（『明治前期勧農事蹟輯録』下）。
（13）このような点に関しては、加用信文『日本農法論』（とくに七一〜八一頁、一〇六〜一〇七頁等）参照。

第三章　国民経済学的地力概念

――J・コンラートのリービヒ批判

スウェーデンの農業経済学者ノウ Joosep Nõu のいうように、「リービヒの時代」が「農業経済学受難の時代(1)」であったとしても、当時の国民経済学者たちがリービヒの批判に対して沈黙していたわけではないし、いわんや同意していたわけではない。それどころか、十九世紀末の「農業大不況」を契機としてよみがえる農業経済学が、ゴルツ Theodor von der Goltz によって定式化されたリービヒ批判を継承するようになるというならば、そうした批判の主要点は、リービヒの時代の国民経済学者たち――なかんずくコンラート Johannes Conrad――の見解のなかに出そろっていたし、さらにいえば、今日問題になっている公害や資源枯渇を必然化した資本主義的価値観も、そのなかにすでに典型的にあらわれていた。

コンラートのリービヒ批判の要点は、(1)リービヒの植物栄養論に対する批判、(2)リービヒの歴史観に対する批判、(3)リービヒの合理的農業論批判、の三つに分けられるが、一言でいえば、「鉱物質説」にもとづくリービヒのいわゆる「完全補充」論の批判であるといってよい。

こまかい点はさしおいて、要点だけをみてゆくと、コンラートはまず第一に、「フムス説」批判としての「鉱物質説」をシュプレンゲル、シューブラー Schübler の両人をもって代表せしめ、リービヒの「いわゆる鉱物質説」の本質は「窒素説」批判にあるとする[2]。したがって、彼の議論は、一方では肥料の効用に関する「窒素説」を擁護しつつ、他方では、「窒素説」を批判する「鉱物質説」ないし鉱物質説的歴史把握を否定する形で進められる。

たとえば、「土地の生産性のみが歴史をつくった[3]」というリービヒの歴史観をながながと批判するコンラートは、ギリシャや古代ローマやスペイン等の衰退は、リービヒのいうように土壌中の「ミネラル成分不足」のせいではなく、むしろ森林の伐採や開墾の結果たる「水源の枯渇」＝「水不足」のせいであるといい、その傍証として、たとえば古代ギリシャは肥料を使っていたのに滅亡し、現代のギリシャは肥料を使わずなお肥沃であるという点を指摘する[4]。

とはいえ、コンラートといえども、地力の消耗それ自体をまったく否定するわけではない。彼自身、「今日では、いかなる化学者も地力消耗の可能性を否定しない[5]」ばかりか、事実「土地が無分別な取扱いによってながい間不毛になるという点については、リービヒ批判者ですらも誰一人として反対はしない[6]」というのである。では何が問題なのかというと、彼が問題にするのは、地力消耗の度合いや範囲であり、自然的或いは人工的に回復しえないような地力消耗が過去にみられたかどうか、或いは今後起こる可能性があるかどうかということである。そして、リービヒの合理的農業論に対するコンラートの批判もこの点にかかわってくる。

コンラートによれば、地力の消耗とは結局のところ「水にとけている植物栄養素の貯えが決して多くはない」ということを示しているだけで、リービヒが地力消耗の証拠として列挙する収穫の減少、休閑や施肥の必要性も、同じことを指摘するものにほかならない。「リービヒがとくに重視した化学的結合状態にある物質」すなわち「本来の土地資本」eigentliches Bodenkapital についていえば、それは岩石の中に大量に存在するのであって、休閑の作用はまさにそのことを示している(7)。それゆえ問題は、「どれほど長い期間、どの程度の範囲において、その（地力消耗の）可能性が、われわれにとって重要性をもつか(8)」ということになってくる。

「古い時代に掠奪農業が行なわれたまま、その後現在にいたるまで耕されずに放棄されている土地でも、土地の自然の生産力が尽きてしまったわけではない(9)」というとき、コンラートは、一方では、過去における土地荒廃が少なくとも現在「われわれにとって」問題となるほどではない以上、大したことはなかったと判断し、それゆえ耕作放棄そのものもむしろ水源の枯渇とか或いはその他の政治的・社会的原因によるものであったというぐあいに推論するのであるが、他方では、上述のように、植物の摂取しうる状態にある土壌栄養素の有限性を認めておきながら、地力回復の自然的・人工的可能性が無限であることを強調することによって、結局はそれ（摂取可能状態にある植物栄養素＝地力の有限性）を否定するのである。

しかしながら、岩石の中に含まれる無機質栄養素の無限に近いことを指摘するだけでは、土壌生成過程の科学的解明にはならないし、したがって、ひとたび不毛となった土地に自然の地力がよみがえるのにどれほどの年月を要するかもまったく明かにはならない。それどころか、「どのように大きな財布でも、金をつかうだけではやがてカラになってしまう」というリービヒに反対しつつ、それはただ、財布＝地球は限りなく大きい、というようなものでしかないし、その意味では、ローズおよびギルバート或いはヴァルツ(10)と異なるところはない。実際、かりに「日ごとの経験が示しているように……自己の利益のみを追求する借地農が一〇年間耕作した土地も、よい農業経営者の手にかかれば、つぎの一〇年間で収穫高を充分もとにもどすことができる(11)」としても、それは、最も不足している或る種の養分が補充されたということ――その意味ではいわゆる「経済的肥沃度」が増大せしめられたということ――を示すだけで、作物が土壌から奪った栄養素すべてが補充されたことを意味するものではない。

とはいえ、資本主義社会においては、「工場の企業家と労働者とが……棉花や羊毛に結びつけられていないのと同様」に、「借地農や……農業労働者も、彼らの耕作の(生産物の)価格、貨幣収入に対してだけ愛着を感じる」し、地主も「土地から、自然からひき離」されて、自分の所有地を「貨幣鋳造機」のようにみなす(12)。つまり、総じて人間と自然との結びつきはうすれ、ひとは「価値のみを愛する」ことになる。したがってコンラートが、「われわれにとって重要性をもつ」かぎりで地力を——すなわち自然を——問題にしたからといっても別に不思議ではないし、リービヒのいわゆる「最少養分律」を逆手にとって、土壌中の最も不足している栄養分を——つまり収穫の増大をもたらす肥料を——供給することだけに意義を認めたとしても、おどろくには当らない。それというのも、コンラート流儀の——或いは彼の時代の国民経済学派流の——考え方からすれば、掠奪農業の影響などというものは、「通常の取引法則 Gesetz des Verkehrs にしたがって」やりさえすれば、いいかえれば、「農業経営者がしかるべきときに(地力の)補充手段をこうじるようなやり方がおのずから行なわれ」さえすれば、ひとりでに相殺されるからである[13]。つまり、経済的自由放任が結局は土地の自然力の維持につながるというわけである。

そもそもコンラート流の国民経済学によれば、集約農業とは農産物価格の高いときにおける多肥農業にほかならない[14]。そしてそれは、リービヒのいうように「洗練された掠奪農業」ではなくて、購入肥料と家畜の肥料とによって「作物が奪った鉱物質の量と同等もしくはそれ以上が供給される[15]」農業なのである。いいかえれば、価格次第で地力の維持は充分に行なわれる可能性があるばかりか、現にイギリスやドイツ等においては、そのような集約農業が一般的に行なわれているというのである。

コンラートのいうところでは、十九世紀前半におけるドイツやアイルランドの小麦作付面積の減少=馬鈴薯の増大は、リービヒのいうように地力減退のせいではなくて、「むしろ住民の貧困のせい(16)」であり、相対的に安い馬鈴薯の消費量が多くなったからである。彼によれば、それはあたかも、イギリスが穀物を輸入するのは地力減退のせいではなくて輸入穀物の方が安いからであるのと同じであり、或いは、アイルランド農民が馬鈴薯を食べつつ小麦輸出を増大させているのと同様である。

しかし、コンラートや彼の言い分を支持する国民経済学者たちは、重要な点を見落していた。すなわち、生産物の価格が高いときには多肥農業が行なわれるということは、第一に、価格が低下すれば掠奪農業方式に変わる可能性があるということであり、第二に、収益性が最大のねらいである以上、多肥農業といえどもすべての植物栄養素の補充ではなく、収穫の増大をもたらす肥料のみが施されるにすぎないということである。また、馬鈴薯の増加は貧困の増大の結果であるというのは、一見社会科学的に正鵠を射た指摘のようであるが、コンラートがいうようにコストがより多くかかるのに馬鈴薯の方が穀物より相対的に安価であるとすれば、前者の方が収量がより大きくなければならないし、したがって、少なくとも地力においては、それらの土地が馬鈴薯にとってはなお適地であっても穀物にとってはもはやそれほど肥沃ではないということにならざるをえない。

リービヒが穀作から馬鈴薯への移行——或いはアメリカにおける小麦からトウモロコシへの移行——に注目したのは、輪作のばあいと同様に、それを特定作物のための養分の欠乏としてとらえたからであって、すべての栄養素の欠乏＝農業的不毛をいうためではなかった。むしろ、ある作物の収量が減少したとき、欠乏した栄養素のみを肥料として与えることによって収穫を増大せしめ、或いは輪作によって特定作物についての休閑を行なうだけでは、やがて栄養素の総体的欠乏＝農業的不毛がおこるというのであった。つまり、リービヒが「実際的農業者は収穫をもって地力を推測する」というとき、それは、自然から切り離された資本家たちが「価値のみを愛する」というマルクスの表現とまったく同じことを意味していたのであるが、コンラートに代表される（ドイツ）国民経済学派の人びとにとっては、そのような批判は到底受けいれることのできないものなのであった。

彼らの考えでは、「肥料の効用が大きくなればなるほど」、すなわち「掠奪農業が実感となればなるほど」、「ますます肥料が多用され……施肥が規則的となる(17)」のであって、「二〇〇〇年来の肥料の普及過程」や近年における集約農業等は、まさにそのことを裏づけるものであった。ペルーのグアノや増産されつつある人造肥料等の利用ばかりか、「嗅覚の麻痺した日本人的なやり方」ではない「文化的な」人糞尿の利用や、パリだけで年間一七〇〇万ポンド（一八六〇年）にもおよぶ多量の「魚貝類の消費」等(18)が、同じく肥料としての追加をなす以上、地力の消耗は充分補充されるものと思われるのであった。

それゆえ、コンラートが断言するように、「古代においても、また現代においても、継続的な地力消耗の実例は発見しえないし……将来の地力消耗についてのリービヒの懸念もまったく根拠がない(19)」ということになる。

いうまでもなく、コンラートのこのような断言は、土壌分析その他の科学的根拠があってなされているわけではない。それは、たかだか、きわだった収穫減少が過去にも現在にも見出せないというだけのことである。そして、「アメリカのリービヒ」ジョンソンのいうように、地力の消耗とは「実際上は in the language of Practice 相対的な意味で用いられ、採算に合わないところまで生産力が低下すること(20)」でしかなく、しかも、土地の「自然力」natural strength 或いは「土地に備わる本来の生産能力」certain inherent capacity of production の消耗にもかかわらず、たとえば窒素分だけを肥料として与えただけでも、それは「しばしば著しい生産性の増大をもたらす(21)」のである。

つまり、ある種の肥料を施しながら農業を行なってきた結果では、長期にわたる収穫低下＝耕作放棄は起こらなかったというだけでは、掠奪農業＝地力消耗が否定されたことにはならない。もっとも、ドイツやその他諸国の農業が「掠奪農法に基礎をおいている(22)」ことは、コンラートですら認めるところであったし、アウ Au がいうように、「完全補充の要求は、農業を景気に応じて『集約化』しうるばあいにだけふさわしい(23)」ものであったから、彼らにとっても、地力消耗が絶対起こらないという確信はなかった。いわんやそれ自体が物質代謝の産物たる土壌成分――とりわけ動物や鳥の存在を前提とする燐[24]――については、日ごとに海に流されるものを魚貝等の消費によって回収しうるとは到底考えられなかった。

したがって、ロッシャー Wilhelm Roscher のように、「完全補充をおこたるものが掠奪農業だというのは自然科学的観点においてのみ正しい」にすぎず、「経済的には、そのような掠奪農業も長期にわたって正当性をもちうる[25]」といってひらき直るか、コンラートのように、「都市で消費され加工される農産物の(土壌への)完全な回収は不可能[26]」というぐあいにあきらめてしまうか、二つに一つしかない。しかも両者は、経済的自由放任主義という観点において結局は一致するのであった。なぜなら、コンラートが考えても、食糧輸出による土壌成分の損失を防止するためにはリスト Friedrich List 流儀の「国内産業の育成」しか方法がないし、さりとて国内産業が発展すれば土壌成分の都市における損失も必然的に増大する[27]から、それを完全に補充するためには、リービヒがいうように「自己の利益のためにだけではなく、増加してゆく子孫のためにミネラル成分をしかるべき形で買いもどすなり、穀物その他農産物の移出(ないし輸出)を減らすなりすることが必要[28]」であるが、農業者が「自由意志によって」それを行なう見込みはないばかりか、「国家による強制」も行なわれそうにない[29]からである。

こうして、彼は、「人口の増大は土地の生産物の増大を要求」するようになるであろうし、「肥料需要の増大は肥料の価格を上昇」せしめ、そして「グアノ層が掘りつくされれば……乾燥人糞

poudrette 製造や……都市から流出した養分の海からの回収の努力がなされる」ようになるであろうといい(30)、さらにまた、「農業者は、穀物に必要なミネラル成分としての彼の土地の豊かな貯えを、鉱山業者が鉄を採掘し流通せしめるのと同じように取扱ってはなぜいけないのか(31)」というにいたるのである。つまり、石炭や鉄や石油がなくなったとしても、それはわれわれの子孫がその時になってから対策をたてればすむことであり、「グアノの輸入が途絶え」たとしても、そのときは水洗便所を考え直すなり「テームズ河に流すニシンの骨でも集めて」燐酸カリでもつくればよい(32)というわけである。

このような自由放任主義が、資本主義の現状肯定論として、今日的状況につながってくるものであることは、いまさらいうまでもないことである。

(1) Joosep Nõu, *Development of Agricultural Economics in Europe*, 1967, pp. 154–156, 493–503.

(2) J. Conrad, *Liebig's Ansicht von der Bodenerschöpfung und ihre geschichtliche, statistische und nationalökonomische Begründung*, 1864, SS. 4–5. ついでにいっておけば、コンラートは「フムス説」の代表者をソシュール、テーア、シュルツェ、ムルダーとし、「窒素説」の方では、E・ヴォルフ、A・シュテックハルト Stöckhardt をあげている。

(3) これはコンラートの表現 (*Ibid.*, S. 2, 34, 106) であるが、リービヒの歴史観を要約しているといってよい。

(4) もちろんコンラートは、ズーゲンハイム (Sugenheim, *Aufhebung der Hörigkeit und Leibeigenschaft*,

1862) その他の研究に依拠して、自然的諸条件よりも経済的——或いはさらに社会的・政治的——諸条件の方が農業に対してもっと大きな影響を与えるということを指摘するのであるが、リービヒが地力消耗を史実によって実証していないのと同じく、コンラートも、その逆を論証しえているわけではない。リービヒのそのような歴史観がコンラート以後全面的に否認されている——たとえばゴルツ『独逸農業史』(山岡訳)三三三〜三三五頁、三沢嶽郎「リービヒの思想とその農業経営史上における意義」八〜九頁、一三頁——のに対し、マルクスのみがそのなかに「いくすじかの光明」を見出している点については、後述、第五章Ⅰを参照。

(5) Conrad, *op. cit.*, S. 19.

(6) *Ibid.*, S. 108.

(7) 以上の点については、*Ibid.*, S. 18, SS. 108-113 を参照。なお、リービヒが「土地資本」というときには、岩石の中に含まれている無機質栄養素(となりうるもの)ではなく、「循環過程にあるもの」(*Chemie*, 7 Aufl., S. 146) ——つまり「物理的結合状態にあるもの」(上述、第一章、参照)をさしていることはいうまでもない。

(8) Conrad, *op. cit.*, SS. 19-20.

(9) *Ibid.*, S. 29.

(10) 第二章三—注(19)、その他、参照。

(11) Conrad, *op. cit.*, S. 108.

(12) 以上の点、マルクス『哲学の貧困』(『全集』第四巻、一七七頁)を参照。

(13) Conrad, *op. cit.*, S. 150.

(14) *Ibid.*, SS. 126-127, 138; W. Roscher, *Nationalökonomik des Ackerbaues* (8 Aufl., 1875), S. 107;

J. Esslen, *Das Gesetz des abnehmenden Bodenerträges seit Justus von Liebig* (1905), SS. 270–272.

(15) Conrad., *op. cit.*, S. 138.

(16) *Ibid.*, S. 113.

(17) これらの点、*Ibid.*, SS. 142–145 を参照。

(18) *Ibid.*, SS. 126–138 (引用は S. 131, 133). なお、第二章四、参照。

(19) *Ibid.*, S. 150.

(20) Johnson, *How Crops Feed*, pp. 373–374.

(21) *Ibid.*, p. 367.

(22) Esslen *a.a.O.*, S. 67.

(23) *Ibid.*, S. 68.

(24) このような点については、第二章四、および奥野忠一編『二一世紀の食糧農業』一一八〜一一九頁を参照。

(25) なぜなら、リービヒの「最少養分律」からすれば、相対的に過剰な土壌成分を補充しても収穫は増大しない以上、完全補充は不必要だからである (Roscher, *op. cit.*, S. 70)。

(26) Conrad, *op. cit.*, S. 137.

(27) *Ibid.*, S. 141. なお、この点に関連するリストの評価については、Esslen, *op. cit.*, S. 61 の興味ある叙述を参照。

(28) この点、第一章二および四、参照。

(29) Conrad., *op. cit.*, S. 142.

(30) 以上の点、*Ibid.*, SS. 145–150 参照。なお、この点、上述のジョンストンの把握と対比せよ——第二章四、注(16)。

(31) *Ibid.*, S. 150.

(32) *Ibid.*, S. 149.

(補論) リストのリービヒ評価

エスレンが指摘するように、リービヒの地力消耗論は、農業国から工業国への穀物輸出が地力の輸出にほかならないとするかぎりでは、関税政策による国内工業育成と内地植民を主張するリストの見解に支持を与える新たな根拠を提供するものであったといえないこともない (Esslen, *op. cit.*, S. 46)。事実、一八四三年の「ロンドン通信」の中で、リストは「リービヒの農業化学体系」がイギリスやドイツの「国民経済の状態」や「商業政策」におよぼす影響を予測して、つぎのようにのべている——

イギリスの経済界、とくに農業関係方面では、目下のところ、穀物問題を別とすれば何をおいてもまずリービヒの農業化学に最大の関心をよせています。……大西洋の向う側……でも同様で、アメリカではリービヒの本の第三版が出ました……。

多くの人びとは、このような事情の変化が必ずやこの国の商業政策に影響してくるものと信じています。というも、ある土地の生産性の増大は、土地面積の拡大と同じ効果をもつからです。イギリスの農業者が、新しい方式によって穀物生産を二〇%から五〇%、さらには一〇〇%も増大せしめるとするならば……凶作の年を除き、ほんのわずかの外国産小麦しか必要としなくなるでしょう……。

また、土地の生産性の著しい向上は、イギリス借地農に従来のような大農場ではなく小土地での穀物生産を可能にするでしょう……。そしてこのような農業改革が、イギリスの大農場をより多くの中小農場に分割し……長期の定期借地を任意借地にかえる……ことは、確実とおもわれます。

　農業化学の新体系の偉大な成果が、諸国の国民経済の現状にもたらすとみられる測り知れない変化について考えてみることは、この上もなく興味あることです。農業者に土地の取扱い方法を教えたり、しかるべき肥料を供給したりするような一連の新しい職業や産業部門ができることは、明白です。……そして、一国の製造業や加工業が発展すればするほど、その国の農業の新しい制度がますます発展することも明かです……。

　要するに、リービヒの体系から生じる農業改革をどのような面からみるにしても、それがドイツにとっても工業と運輸手段を可能なかぎり発展させる新しい誘因を含むものであることは、明かです。——F. List, "Liebigs System der Agricultur-Chemie——Seine Fortschritte und Seine Wirkungen——die Cornlaw League", Correspondenz aus London, in: *Das Zollvereinsblatt,* Augsburg, Nr. 14, v. 3, April 1843, SS. 220-224（なお、この文献は大月誠氏の御厚意によって閲読できた。記して感謝の意を表したい）。

第四章　土地に関する思想——歴史的考察

一　土地囲込みの自由——近代的自由の消極面に関連して

「自由とは、他人を害しない限りは何をしてもよい、ということにある」というのは、フランス革命の人権宣言の中核をなす部分である。そしてそのばあい、「自由」の主体的意味は、「人間の自然に備わった諸権利の行使」の自由を意味するのであった(1)。

「自由」というのは、いまさらいうまでもなく、本質的に「……からの自由」であり、「……への自由」——たとえばマックス・ウェーバーにおける「価値からの自由」と区別された「価値への自由(2)」——にしても、結局は同じことがらでしかない。そしてそのような意味における「関係概念」としての人びとの自由は、基本的にはつぎの二つから成立っている——すなわち、(1)人間、或いは同じことだが人間集団(共同体とか社会とか国家等)からの自由、および(2)自然からの自由、である。

たとえば、近代的プロレタリアートの「二重の意味における自由」というのは、本来は自然的・類的存在である人間が、土地から切り離され、共同体から自由となって「無保護なプロレタリア」vogelfreier Proletarier[3]と化した状態をいうものにほかならない。なぜなら、近代的プロレタリアートのいわゆる「人格的・身分的自由」(＝封建的支配・隷属関係からの自由)というのは、とりもなおさず資本の自由の歴史的前提であり、或いは、資本のもとに包摂された労働力の社会的存在状態を表現するものであるにすぎないのであって、したがって彼らが「無保護」であるのは、彼らが共同体から自由であると同時に「生産手段——なかんずく土地——から自由」であることに基づいているからである。

フランス革命における「人権宣言」が、「人間は権利において平等であると宣言することをもって始まっていたのに、消滅することのない諸権利の列挙に際して平等についての言及がないというのは、気になることである[4]」というのは、名著『八十九年』の著者ルフェーヴルの言葉であるが、この指摘は、同じ人権宣言を「歴史の謎」としたマルクスの以下のような指摘——すなわち、新たな「人間と人間との結合」のために、「市民社会のいっさいの利益を犠牲にすることが日程にのぼせられ、利己主義が犯罪として処罰されなければならなかった瞬間に」、まさに逆に「自由」という「人間と共同体から切り離された利己的個々人」つまり「人の権利」が宣言されたという指摘[5]——とともに、極めて注目に値する。

なぜなら、第一に、あらゆる意味における平等などということがありえないのはいうまでもないにしても、「人権宣言」という「法の前における平等」=「権利における平等」とは、法以前の不平等(=所有権の内容をなす財産の不平等)にはふれないということにほかならず、したがってその「平等」とは共同体における共有や平等利用の原則よりも「非人間的」であるからであり、第二に、同じく「人権宣言」の「自由」についてみても、それは、利己的個々人の商品交換に媒介される関係を表現するものにほかならず、したがって、人間や土地の自然力が資本の生産力となり、そしてまた、人間と自然との物質代謝過程そのものが商品交換化されることを通じ、個々人の自由は結局のところ資本の自由となってあらわれざるをえないからである。

だから、リヴァロルは「自然権はとうてい財産と両立しえない(6)」という理由で「人権宣言」に反対したし、「生存権」という視点から「享受における平等」を主張したロベスピエールは、「生命にとって最も必要な商品を普通の商品と同じようにしか見ない」人権宣言的「平等」を「大商人や地主の利益を重視」するものとして攻撃した(7)のであった。そして、マルクスおよびエンゲルスが「すべての古い世態の理念をこえる(8)」ものとしたバブーフ(およびブオナロッティ)のばあいには、分割された「農民的土地所有」の創出ではなく、まさに逆に、「個々人の所有の廃止」と「生産されたものを現物のまま共同の倉庫に保管」し、それを「最も厳密に平等な仕方で分配させる食糧行政」の樹立を唱えるのであった(9)。

このことは、資本主義にとっては封建制の廃止と共同体の否定とは同じ意義をもつにしても、人間の解放という視点からすれば、両者には大きなちがいが含まれていたことを物語っている。だから「財産と労働とをともにする共同体(10)」を目指すバブーフやブオナロッティらは、「人権宣言」的な意味での「平等」を非難するとともに、その近代的「自由」概念に対しても、「一般的福祉との関係から完全に切り離された純粋に個人的な関心」から出発する「エゴイズムの体系」、或いは「エコノミストのイギリス風理論」というぐあいに批判するのであった(11)。

しかしながら、資本主義の発展とともに過去のものとなりつつある共同体を、彼らが、未来を先取りする理念のなかに積極的に生かし、かつその理念を実現するには、時期尚早であった。フランス革命は、「共同体からの人民の分離の表現であったいっさいの身分、職業団体、同職組合、特権を粉砕」したにしても、その結末は、「封建社会が利己的な人間へ解消」され、「市民生活」が「その構成部分に解消」されただけであって、「これらの構成部分そのものを革命し批判する」ということが行なわれずに終ったばかりか、人びとは、バブーフやブオナロッティとは反対に、「市民社会、すなわち欲望と労働と私利と私権の世界を、自分の存立の基礎……したがって自分の自然の土台として」――要するに「人の権利を自然権として」――認識した(12)のであった。

人権が「生得」の権利――すなわち「人間の自然にそなわった権利」――でないことは、その後十九世紀の前半になって、イギリス人たちにより「しばしば発見され」る(13)ことになるが、同時に、「『自然権』という偽装」のもとに行なわれていた「土地私有制の擁護(14)」を批判しつつ、「漁労や狩猟など」こそはまさに「生得の人間の権利」であるというフーリエのような「天才的」な主張[15]があらわれる。なぜなら、市民社会がブルジョワジーによって積極的に代表されるようになり、ブルジョワジーの支配がはじまるときには、中世的特権の否定としてあらわれた人権は「たんに理論のうちにだけ存在するものではなくな」り、「市民社会の奴隷制……の外見」が「自由」にほかならない[16]という現実が明るみに出てくるからである。

しかし、「財産と労働とをともにする共同体」というバブーフの理念が、イギリス市民革命の急進派「ディガーズ」Diggers の指導者ウィンスタンリー Gerrard Winstanley の「すべての人びとに大地の恵みを共同の財産として利用させる愛と正義の共同体」という理念[17]のなかに見出せるように、フーリエのような自然権思想もまた、すでにその中にみられるのであった。

人間は、自然に働きかけ自然をかえることによってみずからの自然をかえてきたのであって、そのかぎりでは、自然からの自由(=自然法則すなわち必然の洞察)は人類の歴史の一面をなす。しかし、自然との絶えざる交流の中でのみ生きうる人間は、自然から切り離され、自然の破壊によってみずからの自然力が失われようとするとき、自分が自然的存在であることを意識する。土地の囲込みや共同地の収奪に対する共同体農民の反抗に現われた自然法的土地共有思想や、社会の変革期(たとえばイギリス革命、フランス革命、十九世紀末「大不況」、ロシア革命等々)に際して、くりかえしあらわれた、自然法思想に基礎づけられた土地公有論は、まさにそのような意味での「自然からの自由」に対する批判という面をもっていたのであった(18)。

「単純商品生産＝流通」の観点から資本主義批判を展開し、近代市民社会に中世的共同体を対置するとすれば、それは歴史に逆行するものにほかならない。なぜなら、特定の段階における社会の「悪い面こそ、闘争を構成することによって、歴史をつくる運動を生みだし」てきたのであって、したがって、単純商品生産や農村共同体等の「良い面」だけを強調することは、「歴史を抹殺する」にひとしいからである(19)。

しかしながら、革命によって「財産を所有しただけで、フランス農民が堕落(20)」してしまったように、旧社会内部で発展せしめられた生産諸力を完全に自己のものとするために、旧い生産関係を打破した「その瞬間から、革命的階級は保守的になってしまう(21)」ということを念頭におくならば、既得の生産諸力に対する関係において保守的なブルジョワ・イデオロギーの消極面の基本的な点は、すでに発生期の資本主義の「精神」の中に見出せるといわなければならない。そして実は、「土地は本来人類の共同財産である」という自然法思想に基礎をおく土地公有論には――それぞれの時代におけるイデオロギー的夾雑物をはらいのけてみれば――、資本主義或いは近代市民社会における生産諸力のあり方(とりわけ、土地や人間の諸自然力が資本の生産力としてあらわれるという仕組み)に対する批判という面が一貫していることがわかる(22)。すなわち、生産手段(なかんずく土地)と結合した直接生産者たちが、自己の労働の生産物を交換し合う共同体的社会という理念（ある種の農工結合体理念）には、時代逆行的な消極面と同時に、近代批判という積極面があったのであって、その意味では、それは、社会変革の過程でやぶれ去った少数派の思想という次元にとじ込めてしまうわけにはいかないものなのである。

イギリスにおけるエンクロウジャー＝土地囲込みというのは、社会経済的にいえば、誰にも邪魔されずに農業経営者が自由な土地利用を行ない、商品として有利なものをより多く生産し、より高い利潤をあげることを主たる目的とするものであった。それは、開放耕地制の否定という点において、一貫して反共同体的性格をもつものであったが、とりわけ十六世紀の第一次エンクロウジャーや産業革命期の議会エンクロウジャーのような「農民を追放する囲込み」depopulating enclosure のばあいには、農村共同体をその根底から破壊した。したがってエンクロウジャーの歴史上には、「ケットの反乱」Ket's Rebellion（1549）とかピューリタン革命期の「ディガーズ」Diggers や「レヴェラーズ」Levellers のような、囲込みに反対する共同体的農民の運動がくりかえし現われたし、議会エンクロウジャーに際しても、農村共同体を抵抗の基盤とする農民の反対や、囲込みを行なわずに開放耕地を改良し、土地利用の合理化をはかる動きがみられた(23)。

しかしながら、農民たちは数の上では優勢であったとしても、財産を基礎とする社会的勢力においては、つねに劣勢であった。しかもさらに、農村共同体内における農民層の分解は、土地や共同体的諸権利の集中と個別的囲込み（＝農民上層の共同体からの離脱）をともないつつ、一つの階級をなすものとしての農民の共同体をますます小さくした。つまり、農村共同体は経済的に侵蝕されるのであって、その意味では、議会エンクロウジャーは、「囲込み禁止法」――農民たちの通報による違反摘発と違反者に対する高額の罰金――にもかかわらず実行された第一次エンクロウジャー[24]に共通する面をもっていた。

それればかりではない。資本主義は、農村共同体を経済的に破壊すると同時に、市民革命によって確認された「関係者全員の合意による囲込み」(=法的強制の排除)という原則をなしくずし的に変更せしめ、共同体解体を法律的にも促進せしめた。たとえば周知の一六五六年法案――「共有地および共同耕地の改良と農民追放阻止に関する法案」Bill for Improvement of Commons and Commonable Lands, and preventing Depopulations――が不成立におわり、「最初の囲込み一般法 General Enclosure Act」といわれる一六六六年法案もが廃案となる間においても、コモン・ロー裁判所は、「一、二の意図的人間の反対によって公共の福祉がそこなわれるのは不都合である」という理由で、囲込みに多数決原理を採用した(Thirveton v. Collier, 1664[25])。もっとも、一六八九年の判決(Delabeere v. Beddingfield)に示されるように、反対者を除外して囲込みが可能なかぎりは、法律は「関係者以外に同意を強制しえない」という原則は、なお維持される[26]。

しかし、共同体に依存する農民が少数派となり、とりわけ資本主義的競争の中で経済的に劣勢となったとき、やがて議会エンクロウジャーという土地所有面積の比率によって囲込みの当否をきめる——つまり、関係者のうち、囲込み賛成者の所有する面積が全体の過半（四分の三とか三分の二）をしめるときはその囲込みを合法化する——法律が制定されるのであった[27]。

しかも、重要なことは、そのような性格をもつ議会エンクロウジャーが、それほど烈しい反対にあうこともなく、比較的順調に実施され、十九世紀前半をもって開放耕地はほとんど完全に姿を消したということである。すなわち、囲込みの自由とは財産の自由であり資本の自由であるという点を明確にした政策が実現される過程は、資本主義発展の過程そのものにほかならず、個人の自由の必然的結末であったといってよいのであるが、当初においては実質的意味をもっていた「関係者全員の協議＝合意」は、のちには「下院の囲込み委員会に出席した関係者全員に発言を認める」“All have voices”という形式と化する[28]のであった。

囲込みが実施され、共同体的諸権利が排除されたのちには、資本の自由が土地利用の完全な自由を目指すのは必然であった。借地契約の自由を主張する地主たちに対し、資本家的借地農たちが「作付の自由」freedom of cropping と「農産物販売の自由」free disposal of agricultural produce、および「資本の保障」＝「テナント・ライト補償」compensation for Tenant Right を要求し、十九世紀末以降には、それらが制定法化されることは、すでにのべた通りである[29]。そして、近代農業における技術的発展が多かれ少なかれ土地の自然力を奪うためのものであったように、農業における資本の自由は、結局のところは地力掠奪の自由――すなわち共同体や地主的規制からの自由と自然法則からの自由(=自然法則の無視)――にほかならなかった。

発生期の「資本主義の精神」も、基本的には同じ性格をもっていたのであるが、その点については節をあらためてのべることにする(30)。

(1) これらの点、岩波文庫『人権宣言集』のフランスのところを参照(ただし訳はかえてある)。

(2) さし当り高島善哉『マルクスとヴェーバー――人間、社会および認識の方法』一八三頁、一八七〜一八八頁を参照。

(3) この言葉の語源については、たとえば『資本論辞典』(青木書店)、四一四頁、参照。

(4) G・ルフェーヴル『一七八九年――フランス革命序論』(高橋・柴田・遅塚訳)、二四四頁、二五三〜二五四頁。傍点引用者。

(5) マルクス「ユダヤ人問題によせて」(『全集』第一巻、四〇〇〜四〇七頁)。なお、これらの点に関連して、山之内靖『社会科学の方法と人間学』(一四七〜一五一頁)の興味ある指摘を参照。

(6) G・ルフェーヴル、上掲訳書の巻末に付されたソブールのあとがき「現代世界史におけるフランス革命」(三八〇頁)参照。

(7) 同上、三八三〜三八四頁。

(8) マルクス・エンゲルス『聖家族』(『全集』第二巻、一二四頁)。

(9) G・ルフェーヴル、上掲訳書、三八七〜三八八頁。なお詳しくは、柴田三千雄氏の力作『バブーフの陰謀』第六章、参照。

(10) ルフェーヴル、上掲訳書、三八〇頁。
(11) 柴田、上掲書、二三八〜二三九頁、参照。なお、ベンサムのように、「個々人の利害のみが真実の利害」であり、公共の福祉なるものは「個々人の利害の集合」を意味するにすぎない一つの「抽象」であるとすれば、近代社会における個人間の利害の調整は、所詮資本の自由を前提とするほかに行なわれえないことは明白である以上、「搾取の自由」に帰結する自由な契約関係ではない人間関係(共同体)に関する構想が問題となるのは必然的であったといってよい。
(12) 以上の点、マルクス「ユダヤ人問題によせて」(『全集』第一巻、四〇五〜四〇六頁)参照。もっとも、バブーフの発行していた新聞が『護民官』或いは『人権の擁護者』le Défenseur des Droits de l'Homme であった点は注目しておく必要がある(柴田、上掲書、参照)。
(13) 『聖家族』八九頁。
(14) マルクス「土地の国有について」(『全集』第一八巻、五二〜五五頁)。
(15) 『聖家族』八九頁。
(16) 同上、一二一、一二八頁。
(17) この点本章の三、および田村秀夫『イギリス革命思想史』第二章を参照。
(18) 十九世紀のいわゆる「急進的ブルジョワジー」の土地国有論ですら、自然法思想を私的土地所有否定の論拠の一つとしていた——詳しくはあらためてのべる。
(19) マルクス『哲学の貧困』(『全集』第四巻、一四四頁)。ついでながらいえば、近ごろ一部の人びとの主張にみられる「ディスカヴァ・ジャパン」的農村共同体讃美論は、それを諸悪の根源とみなす見解と同様、正しくはない。なお、この問題については、森田桐郎・望月清司『社会認識と歴史理論』第四章、参照。

(20) これは、バクーニン『国家制と無政府』(一八七三年)のなかの表現——マルクス「バクーニンの著書『国家制と無政府』摘要」(『全集』第一八巻、六〇四頁、六四一〜六四二頁)参照。なお、マルクス「土地の国有について」(同上、五三〜五四頁)参照。
(21) 同上、一四五頁。
(22) ただし「急進的ブルジョワジー」の土地国有論は、資本の自由のために私的土地所有の廃止を要求するものであって、自然法思想はその本質をおおいかくすための借り着にすぎない。
(23) 拙著『イギリス産業革命期の農業構造』第二章第一節、参照。
(24) **J. Thirsk and J.P. Cooper, ed., *17th Century Economic Documents*, pp. 121-122.**
(25) この点、Holdsworth, *A History of English Law*, VI, pp. 344-345 を参照。
(26) *Ibid.*, p. 345.
(27) それらの点の詳細については、上掲拙著、第三章第二節、参照。
(28) 同上、とくに一八三〜一八四頁、参照。
(29) 本書、第二章。なお、W.H. Aggs, *Agric. Holdings Acts, 1908-1921* 参照。
(30) 以下とくに三を参照。

二 農村共同体と自然

人間が対象たる自然を変えることによってみずからの自然を変えるということは、簡単にいえば、人間と自然——とりわけ土地——とのかかわり合い方の変化は、人と人との関係の変化をもたらしながら、人間自身の自然観をも変化させるということである。

中世のイギリスにおいては、“soil” という言葉は「土」を意味すると同時に「糞」を意味し、また家畜に「かいばを与える」ことをも意味した。そして “night soil” というのは、夜中にひそかに運び出して屋敷まわりの菜園地（開放耕地ではない）に溝を掘って施肥する「人糞」を意味していた。

このことのなかに、われわれは、中世農民の共同体的関係と同時に、彼らの土地に対するかかわり合い方、および彼らの土地の自然力に対する考え方をよみ取ることができるであろう。生産の「人間的側面」と「自然的側面」との分裂が、「私的所有の最初の結果(1)」であるというならば、資本主義的所有とは、他人の労働にもとづく「剰余価値」の取得であり分配であって、資本の能力としてあらわれる自然の諸力は、すべて資本家自身のものであるということが前提されている。だから「労働はすべての富の源泉である」という「ブルジョワ的な言い方」が可能となる(2)。

資本家は、原子エネルギーの開発や原子力発電機の発明等のいわゆる「一般的労働」に対しても一定の支払いはするし、ウラニウムを手に入れるためには金も出すが、原子エネルギーという自然力そのものに対しては何らの支払いもしない。産業革命期のイギリスの資本家たちが、石炭には支払いをしても、労働の生産性を大幅に向上せしめるのに役立った蒸気力それ自体は自分のものとして利用し、それに対して何の支払いもしなかったのと同様である(3)。

対象たる自然や生産手段たる土地や機械等から切り離されている労働者たちの「協業や分業などから生じる労働の社会的諸自然力(4)」についても、まったく同様である。工場や機械等によって強制される労働者の分業や協業のもたらす生産力の増大は、資本の生産力としてあらわれ、資本家がそれに対して支払いを行なわないことはいうまでもない。

では労賃——労働力に対する支払い——とは何なのか。それとても実は、労働力すなわち人間の自然力に対して資本家が支払いをしていることを意味するものではない。

土地の生産物——農産物や石炭や鉄、或いはそれらの加工されたもの——の商品化を通じて土地そのものの商品化が行なわれ、土地の商品化を通じて労働力の商品化(=「人間商品」)が行なわれるというのが、資本主義の発生史であり、資本主義そのものの基本的な経済的しくみである。そして商品とは、いまさらいうまでもなく、使用価値であると同時に何よりも価値であり、資本主義にとって——したがってまた資本家にとって——重要なのは、その価値である。

すべての富——すなわち使用価値——の源泉は自然である。資本家的富といえども、それを生み出した労働とは人間の自然力たる労働力の発現にほかならないし、人間と自然との物質代謝を基礎としている。ただ、価値増殖過程のみが関心の対象となる資本主義においては、それ自体が価値である商品か或いは価値を生み出す商品(=労働力商品)のみが意味をもつのであって、どれほど大きな使用価値があろうとも、過剰農産物やとれすぎた魚や減価償却のすんだ建物、「道徳的に磨滅」した機械等には、空気と同じように、誰も支払いをしはしない。

労賃でも同じことである。それは人間の自然力に対する支払いではなくて、価値とりわけ剰余価値を生み出しうる特殊な商品――といっても、剰余価値部分に支払いをする資本家はいない!!――に対して支払われる対価であるにすぎない。

落流や農地や鉱脈等のように、大地と結びついている独占しうる自然力のばあいでも同様である。だから、機械や鉱脈や油田のように、使えば磨滅するだけの死んだものと、正しく取扱えばその自然力そのものが向上せしめられる生きている土地や人間や家畜等とが、まったく同じような取扱いをうけることになる。

「地球に対する個々人の私有」が、「一人の人間が他の人間を私的に所有するのと同じように、ばかげたものとして現われる」ような「より高度な経済的社会構成体の立場[5]」からみれば、差額地代は、「土地の身体や土地の内臓や空気……したがってまた生命の維持・発展〔能力〕を搾取する……権利[6]」をもっている地主への支払いであり、より多く収奪した土地の自然力に対する支払いであるということもできるかもしれない。しかし近代社会においては、差額地代はいうまでもなく超過利潤の一形態であり、地主が地力の維持に関心をよせるのも、もっぱらその地代額の多いことをねがうからにほかならない。借地農たちが土地改良に投下した資本の「残された価値」(=「テナント・ライト」)の補償を要求するのに対し、地主たちが「農業らしいやり方」

husbandlike manner（＝社会的平均的投資と地方的慣習にもとづく地力維持）を要求し、故意の地力掠奪 dilapidation を禁止しようとしたのも、そのためである[7]。

しかし、さらに重要なことは、地主や資本家だけでなく、資本主義社会においては農業労働者や農民すらもが、多かれ少なかれ同じ視角から自然をみるということである。

中世においては、人と人との関係が資本主義社会と異なっていたことは、共同体や封建制をみれば明瞭であるが、それだけではなく、人間と自然との関係も大いに異なっていた。直接生産者である農民は、共同体として土地と結びついており、したがって彼らの「社会的諸自然力」も、土地の自然力と基本的に結びついていた。だから封建領主にとっても、単に農民の土地への「緊縛」や共同体的諸慣習の維持（＝荘園裁判所機構と村落共同体維持機能との一体化）が重要であったばかりでなく、「畑に対する最良の肥料は主人の足であり、家畜に対する最高の飼料は主人の目である」the best doung for the field is the Masters foot, and the best provender for the horse the Masters eye[8]という考え方が、所領管理 surveying の精神とならざるをえなかった。

もちろん、封建制と農村共同体の諸規制のもとにおいても、耕地や採草地は私的に利用され、家畜や農具や種子等は私的に所有された。しかし開放耕地や牧草地の私的利用は共同利用（刈りあと放牧、休閑地放牧）によって制限されたばかりでなく、たとえば耕地においては、三圃制はすなわち三年輪作を意味するというように、作付方式、したがってまた多かれ少なかれ作物の種類および品種までもが、規制されざるをえなかった(9)。つまり、総じて「人間的」自然としての共同体による「人間化された」自然としての土地に対する共同所有が、私的占有の制限をなしていたのであって、土地所有に関する上級所有権と保有権というゲルマン法的支配関係も、その点に変更を加えるものではなかった。

そして、作物の種類はもちろん品種をも含めて作付方式＝土地利用形態が村民に共通しているということは、共同体農民の土地に対する考え方――したがって地力概念――の共通性の基礎をなすものであった。開放耕地制＝分散錯圃制が、「平等利用」の原則を基礎としているということは、そのことを意味するものにほかならない。

私的に所有される農具や家畜についても同じようであった。たとえば犁が、個性をもたない――交換可能な部分からなる――画一的商品として生産されるに至るのは、イギリスにおいてさえ十八世紀末近くになってからのことであって、それ以前――ことに中世――においては、自然の木の曲がりぐあいを利用しつつ村の車大工が同じ村の鍛冶屋と共同してつくるものであり、村の個性をもつ製品なのであった(10)。「歴史の賜物(11)」である「労働の生産性」が地域性をもってあらわれるということのなかには、このようにして二重の意味での自然が入りこんでいるのであった。いわんや共同放牧によって自然の繁殖をくりかえす家畜のばあい、たとえばヘリフォードシャーの牛とリンカンシャーの牛がまるで異なっていたとしても、村内の牛や羊が同じ顔をしていたのは当然であった。そして、同じ顔をした牛(或いは馬)が同じようなかっこうの犂をひき、肉や牛乳を供給し、肥料をつくってくれるという点が、共同体農民の自然認識に共通性を付与するもう一つの基本的要因をなしたのである。

実際、日本の農家の台所に家畜小屋がつながっていたように、中世ヨーロッパでは、大抵の農民は煙突もない屋根の下で牛や馬と同居していた(12)のであって、家族や隣人と生活をともにする中世的居間 medieval hall には家畜も顔を出すのであった。その意味では、イギリス——および大陸諸国——にひろがった十六世紀後半から十七世紀前半にかけての「農村の家屋建てかえ」the Great Rebuilding は、「プライヴァシー意識」sense of privacy のたかまり——つまり農村共同体の解体過程——の所産であると同時に、家畜に媒介された共同体農民と自然とのかかわり合い方を大きく変化せしめる一つの重大な契機ともなるのであった(13)。農村共同体の解体過程が資本制農業の展開過程でもあったイギリスのようなばあいには、農業資本家のみならず農業労働者も、さらには地主すらもが自然から切り離されてしまうし、資本主義の影響のもとに、共同体的占取に代って農民的(私的)土地所有が一般化したところ(フランスやオランダ等)でも、ほぼ同様である(14)。

ヨーロッパの農業が古くから家畜飼育と結びついていたのは、それが生活必需品(肉や乳製品や羊毛等）と畜力を提供するものであったからばかりでなく、最も重要な地力維持手段でもあったからである。たとえば三圃制というのは、技術的にみれば、冬穀（秋まき小麦ないしライ麦）のつぎに春穀（大麦或いはオート麦）を作付け、つぎの年は一年間休閑にするという三年輪作が、厩肥（および堆肥）と休閑地放牧（および冬穀の刈りあと放牧）による施肥によって継続せしめられるということであり、いいかえれば、休閑と家畜の肥料とで地力の回復・維持をはかるというものであった。

生産物地代にせよ或いは貨幣地代――そのための農産物の商品化――にせよ、人糞尿が肥料としてほとんど利用されない(補)以上、それらは、地力維持の面では基本的に差異はなかった。それに、土地保有権や家畜その他の動産（人的財産）に関する相続上の封建的諸制限、および地代その他の封建的諸義務[15]が、農民層の階層分化を抑制する役割をはたした。つまり、分散耕地制や牧草地の割替制度、共同放牧＝放牧頭数制限の制度等の共同体的な土地の平等利用の原理を基礎とする生産の共同体的同一性が、封建的な諸制度によって維持存続せしめられたのであって、共同体農民の外部との接触（とくに商品交換）によって、そうした生産の共同体的同一性が打ち破られるとき、はじめて、人間と自然との中世的な関係に変化が生じるのであった。イギリス農村におけるような、羊毛工業との（間接的な）接触による牧羊業の展開、大陸との交流による「新穀草式」農業の導入等が、そしてエンクロウジャーによるそれら改良農業の発展がそれである。

（補論）ヨーロッパにおける人糞尿の利用について

「消費の排泄物」が「農業にとって最も重要である[16]」ことはいうまでもないが、そればかりではなく、少し大げさにいえば、「消費の排泄物」（および「生産の排泄物」）をどう扱うかは、人間の自然観――自然と人間との物質代謝観――を端的に示すものとして重要な意味がある。アジアの農業が古い時代から人糞尿をうまく利用し、土地から奪ったものを土地にかえしてきたのに対し、ヨーロッパでは、一般的にいえば人糞尿を扱いかねてきた。

中世のヨーロッパにおいても、人糞尿がまったく利用されなかったわけではなく、たとえば十六世紀のイギリスのタッサーの農書には、「便所を掃除し……夜中にその荷を運んで菜園に溝を掘ってうめなさい。そうすれば、いろいろの作物が非常によく育つでしょう」（Thomas Tusser, *Five Hundreth Good of Pointes Husbandry*. . . , 1573 の中の「十一月の農作業」のところ参照）という箇所があるほか、人糞を意味する "mens dung" とか "night soil"（或いは単に "soil"）という言葉も、いろいろの文献に出てくる。ただ、日本のばあいと同様の「溝を掘って埋める」というやり方は、（屋敷まわりの）小規模の菜園に限られざるをえず、畜力による耕耘・整地、および、条播ではなく散播 broadcasting という播種方法等が行なわれる広い開放耕地では、なしえなかったようである。

その後においても、人糞尿は基本的には肥料として利用されないのであって、利用されるにしても、穀物にではなく、菜園、果樹園、牧草地に限られたといってよい[17]。そして、一部の菜園や果樹園では東洋式の直接的利用が行なわれたとしても、一般的には――もちろん菜園・果樹園を主としてであるが――(1)乾燥糞としての利用、(2)下水の利用という方向で行なわれた。

(1)は "night soil" から "poudrette" にいたる利用方法で、工業人口の増大＝都市と農村との分離が急速に進んだ産業革命期のイギリスでは人糞尿肥料の「強力な効果」に注目されるようになり、やがて十九世紀のイギリスの大都市周辺には、水洗便所の下水からプードレット(乾燥糞)を製造する工場が数多くできた(18)。

(2)は、十六・十七世紀イギリスの「改良農業」を特色づける牧草地灌漑からはじまるもので、牧草地内に水路を導き、たれ流しの下水――後には水洗便所の下水――をもって牧草地に施肥するというやり方である。牧草地が大抵川岸の低い土地になっていたにしても、一面に冠水するのは雨後の出水のときであり、したがってフィッツハーバートの叙述に明らかなように、洪水や出水のときは汲み取り＝自然施肥のときであったといってよい(19)。十九世紀の下水(水洗)利用のばあいには、網の目のように牧草地内に溝をめぐらせている例が多い。

いずれにしても、「ロンバルディアや南シナや日本でみられるような小規模の園芸的に営まれる農業」においては、人糞尿の利用は肥料の面では「節約」であっても、そのばあいの農業の生産性は「他の生産部面から取り上げられる人間労働力のひどい浪費」をともなっている(20)のであって、それが、労働の生産性＝利潤を第一の目的とするヨーロッパの資本主義的農業＝大経営において人糞尿をうまく利用しえない最大の理由なのであった。リービヒの指摘にしたがって、マルクスが、農業にとって最も重要な「消費の排泄物……の利用に関しては、資本主義経済では莫大な浪費が行なわれる。たとえばロンドンでは、四五〇万人の糞尿を処理するのに、資本主義経済は巨額の費用をかけてテムズ河をよごすためにそれを使うよりもましなことはできないのである(21)」というとき、それは右のような点に注目していた。そしてそのような事情は、今日でも基本的には変っていない。都市と農村との分離が解消されない限り、今日なしうることは、さらに巨額の費用(税金)を使って河をよごさないようにすることだけなのである。

(1)　エンゲルス「国民経済学批判大綱」(『全集』第一巻、五五四～五五七頁)。彼のこの初期の論文には、各所に未熟な表現や妥当性を欠く見解がのべられているが、ここに引用した表現は、マルクスの「原始的蓄積」に関する叙述よりも広い意味内容を含む(或いは少なくとも含みうる)ものとして注目に値するであろう。

(2) これらの点、『資本論』第三巻、第三八章「差額地代、総論」(『全集』第二五巻第二分冊、八三〇~八三三頁)のところ、および、同じくマルクスの「ゴータ綱領批判」(『全集』第一九巻、一五頁)を参照。

(3) この点『資本論』第三巻、第三八章「差額地代、総論」(『全集』第二五巻第二分冊、八三〇頁)および、第一巻第一章「商品」(『全集』第二三巻a、五八~五九頁)参照。なお、マルクスに先だってそれとほとんど同様のことをのべているリービヒの次のような指摘に注目されたい——

「いかなる人間も、ソーダないし石ケンを創造することはできない。これら生産物は、化学的な力で生成されるのであって……、製造業者の仕事は、機械的な手段や爐熱……を利用して、諸要素を最も適当な形で結合させる」だけである。それと同様に、「農業者は作物を創造することはできない」のであり、彼の仕事は、ただ「太陽の光や熱」と「空気、水、土壌等の特定成分」の作用により「植物体がその胚から生れるようにしてやるだけ」なのであって、「土壌に養分がなくなれば、労働は無駄になる」(Liebig, *Chemie*, 9 Aufl., "Einleitung", SS. 77–78)。

(4) 前注の『資本論』の引用個所、参照。

(5) 同上、九九五頁。

(6) 同上、九九二頁。

(7) このような点の詳細については、拙著『近代的土地所有——その歴史と理論』第二~第三章を参照。

(8) B. Googe, *Whole Art and Trade of Husbandry* (1614), p. 3 ——なお本書については、三好正喜『ドイツ農書の研究』参照。

（9）というのは、播種や収穫の時期が同一であるためには、品種も同じでなければならないからであり、事実、異なった品種があらわれるのは、共同体の解体過程以後のことである。

（10）拙稿「イギリスにおける犁の発達（試論）」（『農業経済研究』第三一巻第一号）。

（11）『資本論』第一巻第一四章（『全集』第二三巻第二分冊）六六四頁。

（12）この点たとえば、Chaucer, *Canterbury Tales* の中の "Clerkes Tale", "Nonne Prestes Tale" および W. Harrison, *Description of England in Shakespeare's Youth*, 1577 (Furnivall Ed.), i, p. 233, ii, p. 337; S. O. Addy, *Evolution of the English House*, p. 57; M. E. Seebohm, *Evolution of the English Farm*, pp. 175-176, 196-197 その他を参照。ついでながらのべておけば、このような農村の家屋に煙突がつくようになるのも、大体十六世紀である。

（13）これらの点については、さし当り W. G. Hoskins, "Rebuilding of Rural England, 1570-1640" (*Past & Present*, No. 4, 1953) 参照。

（14）もっとも、オランダでは、居間と納屋と畜舎が同じ屋根の下にある農家が十九世紀まであったし、その後でも、棟は別々になったにはせよ母屋と畜舎が「くび」でつながっている農家（"head-neck-trunk" type）がみられた——Loudon, *Encyclopedia of Agriculture*, 3rd ed., 1835, pp. 1286-1288; *Dutch Agriculture* (Foreign Agric. Service, Dutch Ministry of Agr. & Fisheries), p. 39.

（15）中世の東部イギリス（イースト・アングリア地方）には、「牧羊区制度」foldcourse system があったが、それは、家畜のせり市がしばしば領主の土地で行なわれたのと同様、領主直領地を村民の羊によって施肥するという意味が含まれていた——この点、小松芳喬『中世英国農村』（弘文堂、一九四二年）、五八〜五九頁、および、K. J. Allison, "The Sheep-Corn Husbandry of Norfolk in the Sixteenth and Seventeenth Centuries" (*Agr. Hist. Rev.*, Vol. V, Pt. 1, 1957) へなお、この論文については拙稿

「イギリス農業史学会について」、『農業経済研究』第二九巻第四号を併せて参照〉をみられたい。なお、一般的にいっても、厩肥や共同放牧による施肥は農民保有地よりも領主直領地により多く行なわれた――M. E. Seebohm, *op. cit.*, p. 173 参照。

(16) 『資本論』第三巻、第五章第四節「生産の排泄物の利用」(『全集』第二五巻第一分冊、一二七頁)。

(17) これを最も象徴的に表現しているのは、古代ローマから十九世紀以降のオランダ(すなわち、工業的な「ヨーロッパの菜園」Garten Europas としてのオランダ)にいたるまで、人糞尿肥料の多用されたのは主として園芸地域(或いは果樹栽培地域)においてであったということである。なお、古くから園芸的農業のさかんであったオランダでは、農産物を都市に運んだ帰りに同じ車で人糞尿肥料を買って運ぶということが行なわれた(Loudon, *op. cit.*, p. 82, et. seq.)し、ドイツでも、ヘレスバッハの農書(三好正喜『ドイツ農書の研究』四五頁、参照)からチューネン(近藤康男著作集第一巻『チューネン孤立国の研究』四〇〜四二頁、五六三〜五六六頁、参照)、或いはそれ以後にいたるまで、やはり部分的に人糞尿肥料が使われてきた。

(18) この点、*County Reports* (Middleton, *Middlesex*; Holt, *Lancaster*; Young, *Hertford*; etc.) の "Manure" の項参照。

(19) 本章の四、一五六頁参照。

(20) 『資本論』第三巻、第五章第四節(『全集』第二五巻第一分冊、一二七頁)。

(21) 同上、一二七〜一二八頁。

三　改良農業と資本主義の精神

「発生期の資本主義は、自分の良心のために経済的搾取に甘んずるような労働者を必要とした」

というのは、マックス・ウェーバーの『プロテスタンティズムの倫理と資本主義の精神』の末尾[1]に出てくる言葉であるが、いうまでもないことながら、資本主義は発生期において早くもその「精神」に対する批判に遭遇するのであった。たとえばイギリス市民革命期における「レヴェラーズ」や「ディガーズ」がそうであった。

「ディガーズ」や「レヴェラーズ」の綱領および運動の反資本主義的性格が、すべての点において前資本主義的性格に通じるものでなかったことは、この時期の反封建・反独占闘争が一様に資本主義の精神をもって貫かれるものではなかったのと同様である。そしてその区別は、ピューリタニズムと資本主義の精神とが完全に同じものでなかったということ以上に重要な意味をもっている。なぜなら、たとえばウィンスタンリーのように「自由な賃労働を自由の喪失と考え」る思想は、「ブルジョア的諸原則の反対物[2]」であっただけでなく、封建的収奪と同じく資本家の経済的搾取もまた人間の良心に反するものとして批判する積極面をもっていたからである。

もちろん、ピューリタンたちも、「初期独占」に反対すると同時に「農民を追放する囲込み」を批判した。しかしそれは、誰の目にも明らかなような直接的=暴力的土地収奪に反対であるというにすぎず、商品交換や競争等に媒介された間接的土地収奪の否定を意味しなかったばかりか、そうした経済過程の結果として生み出された「貧民」に雇用の機会を与えることを、「公共の福祉」にかなうものと見なすのであった。そしてそのようなものとしてピューリタニズムは、「産業的中産者層による私経済的収益獲得の正当化と、労働者の服従の要請、ならびに近代的労働者に適合的な資質の育成という諸側面をふくむ[3]」資本主義の「精神」に合致するのであった。

近代社会成立過程における資本主義の「精神」の積極面に関する研究の一環をなすものとして、イギリス市民革命期のハートリブやブライス等が唱えた農業改良のピューリタン的性格を明らかにしようと試みた注目すべき業績[4]がいくつかある。しかし、次節でのべるように、十七世紀後半以降のイギリス農業――ひいてはフランスやドイツの農業――の改良の基軸となる耕地への牧草(クローヴァー)の導入が、カトリックの地主ウェストンから始まるという点は興味ある事実である。というのは、在来農法の延長線上に位置づけられるにすぎない十七世紀の「水と火」による改良を牧草による改良へと転換せしめるきっかけをなしたのが、カトリック教徒として土地を没収され、市民革命中に大陸を旅行していた一貴族の『息子たちへの遺言』というかたちの小さな私本であったというだけでなく、ウェストンが息子に新農法を実行させることを「公共の福祉」につながるものと考えていたのに対して、ハートリブはウェストンの小冊子を完全にひょうせつし、クロムウェルへの献辞を付し自分のものとして公刊することを「公共の福祉」に貢献することとみなした[5]からである。

ウェストンが『息子たちへの遺言』をなぜ私本 private edition として出版したのかは明らかではない。しかし、彼がみずからの見聞を実験したのは「土地差押え委員会」Sequestration Committee から年地代二〇〇ポンドで借りる形になっていた土地においてであった(6)ということ、および、ハートリブの二度にわたる手紙をウェストンが完全に無視したこと(7)等を考え合わせるならば、彼がその小冊子を「図書出版・販売業組合」“Stationers' Company” の認可をえて公けに出版・販売しえなかったものとみて、ほぼ間違いないであろう。

いずれにしても彼は、荒蕪地五〇〇エイカーを開墾して七八〇〇ポンドという巨額の利潤がえられるような新しい農法(8)を、息子だけに秘法として遺言しその利益を独占せしめようとしたのではない。「おまえが模範を示すならば、新農法をこの国に最初に導入したものとしての称賛をえる」ばかりか、「人びとがそれを見ならうことを通じて、共和国全体の利益につながる(9)」ことになるであろうというのであった。つまり、さし当り自分の領地の改良が目標ではあっても、改良を独占するつもりではなかったし、また独占しうるものとも考えなかったのであって、そもそも小冊子を公刊しようとしたのはそのためであった。

それだけではない。彼はさらに、フランドル地方から職人を呼びよせ、亜麻を加工して麻布を製造し、かの地のやり方にならって水車か風車小屋を建て、亜麻油をつくれば利益がますます増大するだけでなく、「貧しい婦女子や児童に職を与え……この国に公共の福祉をもたらす(10)」ことになるというのであった。

イギリス市民革命においては、他のギルド同様、図書出版・販売に関するギルドも攻撃の対象となった。そしてその統制機構は、一六四〇〜四一年における「星法院裁判所」Court of Star Chamber や「高等宗務官裁判所」Court of High Commission の廃止とともに弱体化した。したがって、市民革命以前からあった海賊版とかひょうせつ本が横行する傾向を示したのは当然の帰結であったし、農書のばあいでも、ひょうせつの大家マーカム Gervase Markham(11) に比べれば、ハートリブの方はかなり控え目であり、農業史家ファッスル G. E. Fussell のいうように、ひょうせつ行為自体、「公共の福祉」を念頭においた「きわめて真面目(12)」な行為であったとみることすら可能であろう。

しかし、市民革命の諸立法は、「図書出版・販売業組合」Stationers' Company を廃止するどころか、一六三七年の「勅令」Ordinance に近い線でむしろそれを強化させた。すなわち、一六四三年の政令（Ordinance）がすべての図書出版販売業者の同組合への登録・認可制を規定したのをはじめとし、四七年には、すべての図書に著者名・印刷者名・認可者名の記載を義務づけ、四九年にはパンフレット類の「行商」hawking を禁止したのであって、五三年に「国務院」Council of the State が同組合を直接に管轄するようになってからでも、そうした方針に変りはなかった(13)。それというのも、「レヴェラーズ」の反対にもかかわらず、議会は、「無認可出版は宗教と国家に対して危険であり……著作権の侵害は……他の財産と同一の根拠によって正当化される一つの財産権の侵害」にほかならず、「国家や営業や公共に対して有害(14)」であるという「図書出版・販売業組合」の「著作権侵害」と「無認可出版」を同列においた請願の趣旨を正当と認めたからである。

　ウェストンの小冊子が公刊されなかったのとリルバーンの「長老派」批判のパンフレットが出版の自由を要求しつつ無認可のまま印刷されたのとは、同じ理由――すなわち、両者とも好ましくない人物の著書[15]とみなされたこと――によるものといってよい。しかし、私本として印刷されるほかなかったウェストンの著書が、神とクロムウェルの名において、ひょうせつによって公刊されたということは、歴史の皮肉といってよいし、しかも、同じく「公共の福祉」について語りながら、ひょうせつしたのがピューリタンであり、被害者の方がカトリックであったということは、ますますもって皮肉であった。

　ハートリブのようにひょうせつしたというわけではないが、同じくクロムウェルへの献辞とともに「未経験な小農のために」公刊されたブライス Walter Blith の著書も、カブに関連してウェストンにふれてはいるものの、肝心のブラバン農法にもとづく農業改良に関連しては、ハートリブと彼の友人のスピード Speed の名が出てくるだけで、ウェストンについては何もかいていない[16]。そしてそのウェストンの小冊子は、一六七〇年にはリーヴ Gabriel Reeve によってまたしても彼の名をふせたまま、『一ジェントルマンの彼の息子たちへの指針[17]』として出版される。つまり、ウェストンの農業改良に関する指針は、まさに公共の福祉に大いに貢献した[18]。しかし、彼が考えていた手順にしたがってではなく、したがってまた、彼が息子たちに期待していた「新農法をこの国に最初に導入したもの」に対する人びとの「称賛」もえられないままに、いってみれば客観的に公共の福祉に貢献したのであった。そしてその意味では、農業の改良方法そのものには地主的形態も資本家的形態もなかったのと同様、土地の自然力に対する考え方——したがって土地と人間とのかかわり合いに関する考え方——においても、地主と資本家的借地農とは共通していたのであって、対立はもっぱら人と人との関係に——すなわち、改良の利益の享受における地主と借地農との関係に——あった(19)。

しかし、「ディガーズ」や「レヴェラーズ」のばあいは、それとは異なっていた。彼らにおいては、直接生産者としての人間と自然=土地とのかかわり合い方そのものが問題とされた。

もっとも、土地とのかかわり合い方それ自体においても、両者の構想には相違があった。たとえば「レヴェラーズ」のばあいには、その名の示す通り、土地のまわりの囲いを取り払って再び共有地にもどし、財産上の不平等をなくすこと——すなわち、土地および財産の「水平化」——を意図したのであって、したがって、「もっぱら或いは主として貧しい人びとの利益になるような囲込み」でありさえすれば、共有=共同利用の復活に必ずしも固執しないのであった(20)。それに対し「ディガーズ」のばあいには、土地を「すべての人びとの共同財産」とすることに力点がおかれており、「他の仲間たちが母なる大地から食物をえることを阻止する」ような、一部のものが自分たちの「私有財産を自分のつくった政府の法律で維持する」にすぎない「私有財産権」そのものを否定するのであった(21)。

とはいえ、「レヴェラーズ」のばあいも「ディガーズ」のばあいも、直接生産者(農民)と土地との結合を基本的立脚点としていたのであって、土地はそれを耕すものの共有とすべきであるという点においては、両者は一致していた。いいかえれば、ハートリブのように共有地を「怠惰の原因(22)」とみなすピューリタン的エートスはもちろん、牧羊エンクロウジャー→羊毛工業の発展→雇用増大という筋道で、働き口さえあれば牧羊エンクロウジャーに問題はないというように、農民追放という社会問題を雇用問題にすりかえ、農工分離(=労働力および土地の商品化)を公共の福祉の拡大に結びつける資本主義の「精神」も、彼らは持ち合せてはいなかったし、むしろそのような考え方に批判的なのであった。彼らが、「富裕であり、かつ(同時に)敬虔であることは不可能である(23)」というとき、それは、「富める者すべてが自分の労働ではなく他人の労働によって衣食たりた安楽な生活をしている」ことを「彼らの恥」として非難した(24)のと同じことであり、封建的収奪と同じく資本主義的な「経済的搾取」にも反対であるということを意味していた。いいかえれば、囲込みに反対することによって、土地および人間の自然力を収奪する技術の進歩に基礎づけられた資本主義的発展に反対したのであって、社会の発展そのものに反対したのではなかった。

「土地は草を生育させる。そうでなかったら家畜は飼育されないであろう。太陽は光と熱を与える。そうでなかったら人間は生存できないであろう。だから強大な力である理性は、相互に生命とその糧とを与えあうようにそれらを創造した[25]」というとき、それは、「あらゆる職業、技術、科学によって創造の秘密を発見し、大地を秩序正しく管理する方法を知り[26]」つつ、「大地の共同体」the Earthly Community を基盤とする「自由な共和国」――「売買もなく、また誰かが彼の同胞を雇用して彼のために働かせることもない[27]」ような共和国――という「奇妙に近代的な[28]」構想につながってゆくのであった。そして、共同作業によって生産されたものを現物のまま「共同の倉庫」に保管し、各家族は――農村のばあいも都市のばあいも同様に――必要に応じて「貨幣を用いることなしに」それを消費するというウィンスタンリーの共同体の構想は[29]、そっくりそのままバブーフの思想のなかに再現されるし、また、透徹した自然認識を基礎とするマルクスの資本主義批判のなかにも生かされてゆく。

ウィンスタンリーやバブーフの構想のユートピア的性格は、彼らの思想そのものにあったのではなく、むしろ歴史的結果として付与されたものといってもよい。それはあたかも、「歴史と社会を自然に対立させ[30]」、自然を怠惰とし、禁欲を合理的としてピューリタニズムと資本主義の「精神」を結びつけたウェーバーが、商品の「交換価値の一面の重大視」を特徴とする「英国の経済学者[31]」と同様に現実的であったのに比べれば、商品論においてすでにその使用価値

（＝「自然形態」）と価値との矛盾という資本主義経済の根本的矛盾をえぐり出し、その経済学を基礎として資本主義批判の実践的な体系を構築しようとしたマルクスやエンゲルスの方が、或る意味ではいはるかにユートピア的であったのと同じである。

実際、ロシアの「偉大な未来のために役立たせることのできる諸制度（注・農村共同体）を救う(32)」ことを意図したマルクスやエンゲルスやナロードニキ、エス・エルの構想は、プレハーノフやストルーヴェ等によってのみならず、レーニンやスターリンによっても「ユートピア」視された(33)。それというのも、資本主義が農村共同体を破壊しつつあるときに「残っている共同体を生かす道」を考えるのが「教条に拝跪したがらぬ……空想家(34)」であるとすれば、政治革命とその主体（＝プロレタリアート）が問題の焦点にすえられているとき、社会革命（＝政治革命後の社会改造）を構想するのは、その構想を持ち合わしていないものにとっては、文字通りユートピアにほかならないからである。

（1）　マックス・ウェーバー『プロテスタンティズムの倫理と資本主義の精神』（岩波文庫版）下巻、二四三頁。なお、同書、二四六頁を参照。

（2）　竹内幹敏「農業改良と反独占運動における資本主義の精神」（水田洋編『イギリス革命――思想史的研究』所収）六八頁。

（3）　同上、一二五頁。

(4) 上掲の竹内氏の論文のほか、田村秀夫『イギリス革命思想史』、浜林正夫「イギリス革命期の経済思想IV——土地囲込み論争」(『商学討究』第一〇巻第三号)等参照。

(5) Samuel Hartlib, *A Discours of Husbandrie used in Brabant and Flanders*. . ., 2nd ed., 1652に付けられたハートリブの序文("Epistle to the Right Honorable the Council of State" および"To the Reader")と巻末のウェストンあての二つの手紙のコピーを参照。この第二版では、本文の著者がウェストンであることが明示されているが、一六四七年の政令(注(13)を参照)にもかかわらず著者名をつけずに出版されているばかりか、依然としていかにもハートリブ自身の著作であるかのような体裁になっている。しかも、「私が『ブラバント農業』の名のもとに出版しました小論の著者があなたであることは、確かな筋から聞いております」という言葉で始まるウェストンあての手紙も、「あなたの署名入りの論評を付した再版」を出したいというのが趣旨で、「あなたの『息子たちへの遺言』をまねた」『彼の遺言』(*His Legacy*, 1651)がウェストンおよびロバート・チャイルドからのひょうせつであったにもかかわらず、「私の『遺言』」とかかれている。したがって、革命によって土地を没収されたカトリック教徒ウェストンに、ピューリタンのハートリブ——革命の農業政策に寄与したことにより、後に年金一〇〇〇ポンドが与えられた——が、いかに「神」と「公共の福祉」の名において懇望してみても、説得力のあろうはずはなかった。

なお、ウェストンのこの著書をめぐる考証に関しては加用信文「リチャード・ウェストン『ブラバントおよびフランダーズ農業論』考」および同「再考」(『農業総合研究』第一九巻第三号、第二一巻第三号)が興味深い。

(6) A. R. Michell, "Sir Richard Weston and the Spread of Clover Cultivation" (*Agric. Hist. Rev.*, Vol. XXII, Pt. 2, pp. 160-161).

(7) S. Hartlib, *op. cit.*, "To the Reader".

(8) *Ibid.*, pp. 18-22.

(9) *Ibid.*, p. 27.

(11) *Ibid.*, p. 24, p. 26.

(12) マーカムは，農書だけでなく魚釣りの本等にいたるまでひょうせつや勝手な再版を行なっているので有名であり，十数冊におよぶ著書のうち，どれが彼自身の著作かは，今日では考証が不可能に近いといわれている――Ernle, *English Farming, past and present*, pp. 475-476; G. E. Fussell, *Old English Farming Books*, pp. 24-32.

(12) *Ibid.*, p. 41.

(13) これらの点に関しては，Holdsworth, *History of English Law*, Vol. VI, pp. 370-371; Firth and Rait, *Acts and Ordinances of the Interregnum, 1642-60*, Vol. II, pp. 245-254 を参照。

(14) Holdsworth, *op. cit.*, p. 370.　なお，一六三七年の勅令が王制復古後(一六六二年)に制定法化される (14 Char. II, c. 33) ことに注目。

(15) 一六四九年法でいえば，規制対象となった「よからぬ中傷的書物」scandallous, libellous books and pamphlets に含まれる。

(16) Walter Blith, *Englith Improver, Improved* (4th ed.), 1653, p. 260, et. seq.　ちなみに，同年に出版された Andrew Yarranton, *Great Improvement of Land by Clover* (2nd Ed.) では，クローヴァによる改良農業をウェストンの功績に帰しており (pp. 3-4)，ハートリブについての言及はない。

(17) Gabriel Reeve, *Directions Left by a Gentleman to his Sonns for the Improvement of Barren and Heathy Land*, 1670.

(18) A・ヤングはウェストンを「ニュートンにもまさる功労者」とみなした——Ernle, *op. cit.*, p. 107.

(19) ウェストンが、借地期間(二一ヵ年)満了時に、借地農の行なった改良に補償——いわゆる「テナント・ライト」補償——を与えるフランドル、ブラバン地方流の「改良借地契約」taking of a Farm upon Improvement についてのべている点は注目に値する——Hartlib, *op. cit.*, pp. 10-11.

(20) "The Humble Petition of divers wel affected Persons . . .", 1648——W. Haller and G. Davies, ed., *The Leveller Tracts, 1647-1653*, p. 152.

(21) 田村秀夫『イギリス革命思想史』一二七〜一二八頁、一三一〜一三二頁、参照。

(22) Samuel Hartlib, *His Legacie* (1652), p. 42.

(23) Anon., *Tyranipocrit Discovered with his Wiles wherewith he vanquisheth*, 1649, p. 17. 田村、上掲書、五二頁、一五二頁、参照。

(24) Gerrard Winstanley, *Law of Freedom in a Platform*, 1652——in G. H. Sabine ed., *Works of Gerrard Winstanley*, pp. 511-512. なお、D. W. Petegorsky, *Left-Wing Democracy in the English Civil War*, p. 187 を参照。

(25) Winstanley, *Truth Lifting up his Head above Scandals*——Sabine, *op. cit.*, pp. 108-109.

(26) Winstanley, *Law of Freedom*——Sabine, *op. cit.*, p. 577. 田村、上掲書、一四六頁。

(27) *Ibid.*, pp. 581-584. 田村、上掲書、一四二頁。

(28) 同上、一一三頁。

(29) ウィンスタンリーにおいては、生産と同時に生産物の流通も共同体的に構想され、売買と貨幣が周到な配慮をもって排除されている。「共同倉庫」Common Storehouses——原料として加工されるものの保管される "general storehouses" と加工された消費物資の保管される "particular storehouses"

に分けられる——の利用が貨幣(＝売買)を排除するものであると同時に、「土地および土地の生産物の売買をなすものは……共和国の平和に対する反逆者として死刑に処せられる」(*Law of Freedom*) という点は、注目に値する。

(30) 高島善哉『マルクスとヴェーバー』一二九頁。なお、「自然」を「文明批判の原点」として把え、「マルクスとヴェーバーの対決の問題も、窮極にはこの問題に還元される」とする高島氏の指摘(同、二七七、三四九〜三五三頁)は、大いに注目される点であろう。

(31) 三枝博音『著作集』I、一五一頁。

(32) エンゲルスのダニエルソンあての手紙、一八九三年二月二十四日。

(33) これらの点については和田春樹氏のすばらしい力作『マルクス・エンゲルスと革命ロシア』を参照。

(34) 同上、三四〇頁。

四　農学と地力概念——歴史的概観

十六世紀半ばごろから、ヨーロッパ各国において「農学」が芽生えてくる。商品経済——なかんずく農産物の商品化——の発展は、せまい地域内で孤立して営まれていた農業に変化をもたらした。

工業や都市の発展(＝農工分離、都市と農村との分離)によって農業がいわば対象化され、他の農村共同体——或いはさらに他の地方ないし他の国——の農業との比較によって、自分たちの農業が客観化されるようになっただけでなく、一部の人たちによる実験とその結果の出版＝農書の普及を通じて、新しい農業が徐々に実行にうつされていった。

そのような改良農業が、各地の多くの人びとによって、収穫増大のためのすぐれた農耕方法であるというように確認されたとき、農学は、いわば経験科学的なものとして、その歩みを開始したといってよい。

ヨーロッパの農業史をふりかえってみれば、農学発達史上の節目にあたるところに、海外農法の導入がある。たとえば、十八世紀半ば以降におけるモンソー Duhamel du Monceau やパチュロ Patullo らによるイギリス農法——タル Jethro Tull の農学——の導入は、フランス農業近代化の重要な契機となり、ひいてはシャプタル Chaptal にはじまるフランス農芸化学（植物化学）を生み出したし、テーア A. Thaer によるイギリス農法（＝ヤング A. Young の農学）の導入は、ドイツに輪栽式を基礎とする近代的農業をひろめるとともに、近代農学の体系化をもたらした。そして実は、そのようなイギリスの近代的農業の出発点に、ウェストン Sir Richard Weston にはじまる大陸（フランドル、ブラバン）農法のイギリス化があった。

もっとも、すでに述べたように、このような過程は同時に多かれ少なかれ農村共同体の解体過程であり、また、人間と自然との分離の過程でもあったのであって、その意味では、農学の成立＝農業の対象化は、都市と農村の分離、農村民の共同体からの分離、土地や家畜等を通じて自然と結びついていた人間の自然からの分離等々をともなっていたのである。

フランドルやブラバン地方からイギリスに導入され、そこで発展せしめられた後フランスやドイツがイギリス経由で自国に導入したものは、資本制農業であり、その技術的基礎をなした「新穀草式」農法および「輪栽式」農法であった。したがって「改良農業」とは、資本主義的価値判断とそれに適合的な地力概念と密接不可分のものであり、そのようなものとしての農学に導かれて発展したということができる。実際、十七世紀半ばから十八世紀末までのわずか一世紀半の間に、人間と土地とのかかわり合い方の変化を基礎とし、地力観の変化に媒介されて、人びとの自然観は大きく転換したのであって、十九世紀半ばにおけるリービヒやマルクスの批判をもってしても基本的に変ることはなく、今日にいたるのである。

周知のフィッツハーバート Fitzherbert の農書 *Boke of Husbondrye* (1523) 以後、十六世紀にはイギリスだけで二〇に近い農書が刊行された(1)が、それほど多くはないにせよ、ドイツやフランス、イタリー、スペイン等でも、それぞれいくつかの農書が出版された(2)。ハート Harte のいうところによれば、「ヨーロッパ中が農学の研究に身を入れ(3)」はじめていたわけである。もっとも、それら農書の著者は貴族やジェントルマンであり、したがってそれらは、フィッツハーバートの農書が『所領管理の書』*Boke of Surveyinge* とともに出版され、またヘレスバッハの農書が「畑にとって最高の肥料は監督者の足であり、馬に対する最良のかいばは監督者の目である(4)」と書き加えているように、主として封建領主のために書かれたものであった。

資本家的農業者や農民たちのために――或いは「公共の福祉」public good のために――数多くの農書が出版されるようになるのは、市民革命以後になってからである。

しかし、領主のために書かれようと資本家的農業経営者或いは農民のためにかかれようと、農業改良の方法自体にかかわりがあるわけではなかった。さまざまな改良方法の組み合せや改良に対する対応がそれぞれの階級によって異なり、或いは少なくとも経営規模による制限をうけたにすぎない。第一に、いずれのばあいであれ、「改良」とは収益の増大にほかならなかったし、したがって第二に、あらゆる改良は土地の囲込み=土地利用の自由に結びついていた。

タッサーやフィッツハーバートにとって、農業改良とは「羊肉や牛肉が豊富になり、上質の穀物やバター、チーズ等が沢山できる[5]」ことであり、農家の「利益が二倍……三倍になり」、「領主の地代」がそれに応じて「増大する[6]」ことを意味していたように、「共和国万才」をとなえ、クロムウェルへの献辞をつけて「経験の浅い貧しい農民のために」刊行したブライス Walter Blith の農書は、長い表題の中で、「耕地にせよ放牧地にせよ、その収益が二倍ないし三倍、或いは五倍ないし一〇倍にも増大するであろう」ような改良をうたっていた[7]。そして「利潤のための農業」farming for profit[8] という点では、ウェストンの『息子たちへの遺言[9]』も、それを「公共の福祉」のためにひょうせつしたハートリブ Samuel Hartlib の農書も、或いはシャー J. Sha の農書[10]やスピード Ad. Speed[11]、ミーガー Leonard Meager[12] ヘインズ Richard

Haines(13)その他の農書も、すべて軌を一にしていたのであって、今日でもその点に変りはない。

利潤の増大をもたらす改良には、囲込みのように、価格の面で有利な作物や家畜をすきなように栽培し飼育することができ、それら作物や家畜の管理を適正化し、かつ新しい農機具等の採用により生産費を削減できるというような、経営面における合理化と、土地改良や新しい輪作方式や品種改良等のように、生産高そのものを増大させるものとがある。しかし、どのような改良にしても、それが永続的であるためには地力の維持が不可欠であり、施肥(家畜の放牧、灌漑、客土等を含む)による人工的な地力補充・増大か、或いは少なくとも休耕(休閑、一時的草地化、耕作放棄)による自然的地力回復の方法がとられなければならない。

事実、休耕と施肥は歴史とともに古く、そしてまた、世界の農業を技術史の観点からみれば、それは或る意味では休耕と施肥方法の発展の歴史であるといってよい。たとえば、焼畑式農業→三圃制農業→新穀草式農業→輪栽式農業という系譜は、移動耕作(=連作後の耕作放棄)→三年に一度の「裸の休閑」bare fallow→休閑地への牧草播種→牧草と根菜を含む輪作という休耕方法の発達の歴史であり、それにともなう家畜の肥料による施肥方法の発達史である。

ウェストンが、イギリスの「水と火による改良」improvement by Water and Fire(14)——とりわけ「焼土法」——によって荒蕪地を開墾し、ブラバン農法を実行すれば、五〇〇エイカーで年に七〇〇〇ポンドに達する収益がえられることを「遺言」したとき、彼は亜麻の商品価値に注目すると同時に、クローヴァの肥料価値に着目していた。なぜなら、クローヴァをまいた土地は「五年たって雑草がまじってきても、なおイギリスの最良の牧草地ないし放牧地に匹敵する[15]」ほどであり、したがって多くの家畜を飼育できるばかりか、その肥料によって「貧しい土地の方が肥沃な土地にまさる[16]」ようになるからであった。

ヤラントンによれば、ウェストン以後「クローヴァによる改良」が急速にひろがり、「イングランドの大抵の州で、多かれ少なかれクローヴァが播かれるようになった[17]」が、数年後に一時その熱がさめてしまった。それは、彼によれば、播種方法が不適当であり、かつ「クローヴァは荒蕪地の改良にこの上もなくよいとはいえ、貧しい荒れた土地がクローヴァの最適地ではない[18]」ということを知らないことによる失敗が原因であった。

つまりヤラントンによれば、クローヴァといえども「どのような土地でも育つわけではなく」、それなりの「適地」——たとえば数年耕作された乾燥した土質の耕地[19]——があるのであって、そういう土地でこそ、「ただの雑草の生えた一時的草地ではエイカー当り四シリング半程度の値うちしかなくても、クローヴァをまけば四五シリングにもなる[20]」のであった。というのも、クローヴァで多くの家畜を飼育すれば、その肥料が「クローヴァが土地から奪ったよりも多くの肥沃度 more heart and vertue をもたらす」ばかりでなく、その「葉や茎」および「根」が、三、四年の一時的草地(レイ)の期間中に「大いに土地を豊かにする[21]」からなのであった。

こうして、「飼料が多ければ多いほど家畜が多くなり、家畜が多くなればなるほど肥料がふえ、肥料がふえればふえるほど収穫が増大する」というヨーロッパに伝統的な考え方が定着し、或いは十八、九世紀的「フムス」説が早くも形成される。そして、ウェストンが、亜麻→かぶ→クローヴァ(数年間のレイ)という開墾地向きの作付方式と、小麦(またはライ麦)→大麦(またはオート麦)→クローヴァ(数年間のレイ)という既耕地向きの「新穀草式」を推奨した[22]ように、ヤラントンも小麦→大麦→クローヴァ(数年間のレイ)という方式をよしとした[23]。十八世紀以降、イギリスのみならずフランスやドイツにまで広がった「輪栽式」農業は、小麦→かぶ→大麦→クローヴァ(数年間のレイ)という「ノーフォーク式」に代表されるように、この十七世紀の新穀草式を改良したものであり、その冬穀と春穀の間に根菜類が加えられたものにすぎない。すなわち、穀物の二年連作がなくなり、穀物に関しては休閑を意味する根菜の作付と、それをそのまま放牧した家畜に食べさせることによる施肥とが、翌年の春穀の収穫を増大させるという点で改良であったにすぎない。

もっとも、「水と火」による改良にしても、ヤラントンのように「クローヴァと水」による改良にしても、それを普及せしめたものは単なる模倣ではなくて、人びとの「理性による判断[24]」であったといえるであろうが、その価値判断の基準が収穫であり、さらにいえば利潤であったことは否定しえない。ただ、十七世紀の農学においては、「自然」と「改良」とは対立的にではなく、相互補完的な関係において把握され、したがって地力も、無尽蔵のものとしてではなく、消耗しやすいものとして認識された。イギリスにおける「肥料学」の発達の基礎は、まさにこの点にあった——もっとも、十九世紀半ば以後には、「植物栄養学」を軽視するイギリス「肥料学」が、フランスの「植物化学」の伝統を受けつぐリービヒの農芸化学によって批判され、その資本主義的本質が暴露されるのであるが——。

十七世紀イギリスの農業改良を特徴づける「水と火」——つまり「牧草地灌漑」と「焼土法」——が、いずれも施肥方法にほかならなかったように、牧草＝クローヴァも肥料を意味していた。いいかえれば、農業改良の中心は施肥方法の改良にあったし、囲込みにともなう土地の自由な利用と農産物の商品化とが、それを不可避的たらしめたのである。

すでにフィッツハーバートが、『所領管理の書』の大部分を様々な土地の改良にあて、土地の肥沃度の増大方法についてのべたとき、彼は、さまざまな肥料の土質に応じた施肥方法とともに「焼土法」や「牧草地灌漑」について説明していた(25)。ただ、低地の牧草地については「町の方から人糞や畜糞 every man's myding or donghill を運んで流れてくる河川の水」を導き灌漑を行なうことがとくによい(26)としながらも、その他の土地の改良に「都市の肥料」city muck を利用することは考えられず、したがって、耕地→草地→森林という、輪作（とくに“alternate husbandry”）にとどまらず地目変換をも含む土地利用方式が念頭におかれる(27)のであった。

しかし、そのように壮大な土地利用の体系は、マナー領主や一部のジェントルマン・ファーマーには実行可能であっても、一般的になしうるものではなかった。したがって、農産物の商品化(=都市と農村との分離)に対する対応策は、ヤラントンのいうように、「水とクローヴァ」による改良とならざるをえなかった。

とはいえ、「水とクローヴァ」の施肥効果だけが注目されたのではない。むしろ十七世紀には、ありとあらゆるものが肥料とされるようになる。すでに十六世紀末のプラット Sir Hugh Plat の農書『技術と自然の宝庫』*Jewel House of Art and Nature* が、「土地は連作によって地の塩 vegetative salt of the earth を失い、作物がとれなくなる」から、「賢明な農民の目的はこの地力に不可欠の要素を回復すること(28)」にあると指摘したとき、その方法として、畜糞、畜毛、家畜の内臓・血液、くず肉、魚の骨や腐った肉、人糞、麦芽かす、草木灰、台所のごみ、池の泥、泥灰土、石灰その他を肥料として利用すべきことが述べられていたのであるが、十七世紀末近くに出版されたエヴェリン John Evelyn の『大地の哲学的考察』では、そのリストがさらに長くなるとともに、地力概念そのものも、より明確になるのであった。

エヴェリンによれば、「土地は人為的補助手段なしにでも、そのすばらしい豊沃性 prolific virtue を持続する。ただ、それは破壊され、消耗するものであって、或るばあいには、補助手段なしには……その力の永続的効果を期待することはできない(29)」。そしてその「豊沃性の原因は……ある種の塩類 some vegetative salts にある」。その塩類とは、「動物の糞尿や煤、灰、骨、毛、角……をまいた土地に活力を与えるもの」であり、「硝酸を含む雨 nitrous rain のふりそそぐ耕土に植物の根を誘い」、「堆肥が雨水にとけて地力を回復させるその成分」であり、「ナイル河が氾濫した後エジプトを肥沃にするもの」である。それは植物に吸収されて「われわれに果汁を提供してくれる」ものであり、植物を燃やせば「無味な灰 insipid ashes になるもの」なのである。

こうして、それら「塩類」は「すべてのものの活力であり……生命体の初めであると同時に終りである(30)」という彼の「大地の哲学」に到達するのであるが、それがプラットの「大地の塩」と次元を異にするものであったことは、エヴェリンにおいては「人造硝酸ソーダ factitious nitre が多量にえられれば、土地改良にそれほど多くの堆肥を必要とはしない(31)」とのべている点から明瞭であろう。つまりエヴェリンにおいては、土壌 natural under-turf Earth すなわち「最も有益な土」the most useful Mould は、岩石の風化と動植物の分解の産物であり、しかも「空中の硝酸」celestial nitre を含んだ雨によって豊かさを増すのであった。だから、深耕や「天地がえし」によって空気の流通をよくし、「土に土をまぜる」——反対の性質をもつ土を客土する(32)——ことが「自然的改良」natural improvements とされると同時に、「くさったり朽ちたりするもののすべて」が肥料とされ、「人工的改良」手段としてのそれら肥料が、動物性のもの（"from animals"）と植物性のもの（"from vegetables"）に分けて列挙される[33]。しかも、「これら補助手段」はそのまま「有益かつ効果的とはかぎらない」のであって、そうなるためには、それら肥料が「消費され、同化され、栄養として植物の成長を促進せしめるような……過程が必要[34]」なのであった。

しかし、このような「大地の哲学」は、その後におけるイギリス肥料学の発展のなかで見失われてしまい、イギリスで見すてられた植物栄養学はフランスで発展する。しかも、皮肉なことに、それを媒介したものは、エヴェリンの「哲学」をもち合わせないタル Jethro Tull の『畜力中耕農業』*Horse-hoeing Husbandry* (1733) なのであった。

この農書には、「耕作および植物栄養の原理に関する試論」という副題がついているにもかかわらず、エヴェリンよりも植物栄養学的にはるかに後退しており、ある意味ではエヴェリンのマイナス面のみを展開させている。植物の根や葉を動物の口や肺になぞらえる素朴さは問題にしないとしても、植物の栄養素を「微粒子状態の土」fine Particles of Earth とし、空中の「硝酸」Nitre も厩肥も堆肥も「土を細分する」にすぎないとした[35]点は、それを基礎として展開された多耕農法——肥料よりも輪作よりも、多く耕やすこと、とりわけ中耕の有効性を強調[36]する掠奪農法——とともに、着目しておく必要がある。なぜなら、タルに始まるといわれる農業の機械化は、それが収穫の増大に関係するかぎりでは、まさしくタルが意図した通り、地力を収奪する技術の進歩を意味したからである。

フランス革命を「私有財産制度の危機」とし、トーマス・ペイン Thomas Paine を「扇動者の巨頭」とよんだヤング Arthur Young[37] から新しい農学を学び、彼を「偉大なヤング」とたたえたテーア Albrecht Thaer が、「農学の父」とよばれているのに対し、農業を「公共の福祉の基礎」としてとらえ、その「農業と化学との間には密接な関連がある[38]」としたフランス革命期のシャプタル Comte Chaptal が「フランス農業化学の創始者」といわれるのは、興味深いことである。なぜなら、われわれはそこに、肥料の効用に関するフムス説＝資本主義的な価値視点からの農業把握と、「自然と人間存在とを結びつけるすべての必須栄養素をもたらすもの」を農業とみる[39]自然科学的＝使用価値視点からの農業把握との対立の面を見出すことができるからである。

炭酸同化作用に関するボネ Bonnet、センヌビエ Sennebier、ソシュール Saussure 等の研究、シャプタル、ソシュール、ベルティエ Berthier、ブッサンゴー Boussingault 等の農業化学、パストゥール Pasteur による腐敗・発酵の研究をおもい起こすだけでも、十八世紀末から十九世紀前半にかけてのフランス「植物化学」の果たした大きな役割は明らかである。しかしそれは、「近代化学の父」ラヴォワジェ Lavoisier からフールクロワ Fourcroy をへてシャプタルにいたるフランスの化学の伝統の上にのみ展開されたのではなく、イギリスの肥料学とタルの農学の影響を強くうけたモンソー Duhamel du Monceau やパチュロ Patullo をへてシャプタルにいたる農学の系譜を批判的に継承するものとして発達した[40]。

ソシュールやベルティエは、植物の灰分をなすものとして、カリ、ナトリウム、カルシウム、マグネシウム、鉄、マンガン、珪素、燐等の酸化物および炭酸塩、塩酸塩、硫酸塩等々を抽出したばかりでなく、炭酸や水に比べれば極めて含有量の少ないそれらミネラル成分が、植物に不可欠であることを明らかにした[41]。しかもさらに、それぞれの植物は同一土壌から必要栄養素を選択的に摂取すること、その摂取量は、与えられた肥料の質および量に影響されることまでも解明した[42]。そしてそれは、「フムス説」を否定するに充分であった。

しかし、そのようにすばらしいフランス「植物化学」も、「フムス説」批判の体系としては完成されず、ソシュールにせよブッサンゴーにせよ、腐植なしには植物は生育しないし、ミネラル成分は「刺戟剤」stimulants にすぎないという通説に妥協する[43]のであった。というのは、当時最も影響力の大きかった化学者の一人ディヴィ Sir Humphry Davy が彼らの発見をそのように——すなわち、ミネラル成分は「水と腐植を結合させ」、その吸収を促進するというように——説明した[44]からばかりでなく、なによりも、「フムス説」はイギリス資本制農業の技術的基礎をなす肥料学であり、或いは近代農業そのものだったからである。

このことは、イギリス農業革命やその後の「高度集約農業」High Farming が、技術的にはなによりも輪作＝作物交替と有機肥料を意味していたこと、そしてまた、「できるだけ多くの永続的収益」とりわけ「最大の利潤」を「合理的農業」の目的としたテーアにおいても、「肥沃度」Fruchtbarkeit と「地力」Reichthum od. Kraft des Bodens に区別はなく、イギリス式輪作と「フムス」がそれを永続せしめるものであったこと(45)を考えれば、おのずから明らかであろう。つまり、フランス農業化学にとっては、「フムス説」批判はイギリス的資本制農業批判と同様に荷が重すぎたのであって、「フムス説」――およびその延長線上における「窒素説」――批判は、リービヒによって近代農業批判の体系としてはじめて完成される。

(1) 拙稿「イギリス農学史における十六世紀と十七世紀」(『農業経済研究』第二八巻第一号、三二～三三頁)参照。

(2) たとえば、ドイツではヘレスバッハ C. Heresbach やトゥームブスヒルン Abraham von Thumbshirn その他の農書(これらについては、三好正喜、上掲書、参照)、フランスではエティアンヌ C. Estienne やパリッシ B. Palissy、イタリーではタレッロ Tarello、スペインではヘレラ Herrera 等の農書がある――Loudon, *Encyclopaedia of Agriculture*, p. 47.

(3) Walter Harte, *Essays on Husbandry*, 1764, p. 62.

(4) B. Goge, *Whole Art and Trade of Husbandry* (ヘレスバッハの英訳本), p. 3.

(5) Thomas Tusser, *Five Hundred Good Points of Husbandry* (1st ed. 1573), "A Comparison between Champion Country and Severall" のところを参照。

(6) Fitzherbert, *Boke of Husbondrye*, p. 71., *Boke of Surveyinge*, chapt. XV.

(7) W. Blith, *English Improver, Improved*, 1652.

(8) これは Ernle, *English Farming, Past and Present* (Chapter III) の表現。

(9) Sir Richard Weston, *His Legacie to his Sonns* (in: S. Hartlib, *Discours of Husbandrie used in Brabant and Flanders*, 2nd ed., 1652).

(10) J. Sha, *Certaine plaine and easie Demonstrations of divers Easie Wayes and Meanes for the Improving of any manner of barren Land*. . ., 1657. この農書のタイトルには、続けて「エイカー当り一二ペンスの値うちもなかった土地を年二〇シリングないし三〇シリング、さらには四〇シリングにする方法」と書かれている。

(11) Ad. Speed, *Adam out of Eden*. . ., 1659. サブタイトルは「年地代額二〇〇ポンドの土地を改良して年利潤二〇〇〇ポンドの収益をあげる方法」となっている。

(12) L. Meager, *Mystery of Husbandry*. . ., 1697. これでは、「富を遠隔地から……他の人びとから獲得する商人」と「大地から富をえる農業者」Merchant of Husbandry が対比されている――G. E. Fussell, *Old English Farming Books*, p. 79.

(13) R. Haines, *Aphorisms upon the new way of improving Cider*. . ., 1684. この本では「年収二〇シリングの土地を八ないし一〇ポンドにする方法」となっている。

(14) 「水」というのは牧草地灌漑（"water or floating meadow"）であり、「火」とは「焼土法」、つまり、地表の雑草や灌木等を犁で削りとって焼くこと（"paring and burning"）で、デヴォンシャー（或いはデンビシャー）あたりで行なわれたため "Devonshiring" (or "Denbishiring") とよばれた。

(15) Weston, *op. cit.*, p. 7, 23.

(16) *Ibid*., pp. 13–14.
(17) Andrew Yarranton, *Great Improvement of Land by Clover*, 2nd ed., 1663, p. 4.
(18) *Ibid*., p. 14.
(19) とりわけ "lime land" (石灰質土壌)がよい――*Ibid*., p. 15.
(20) *Ibid*., p. 20.
(21) *Ibid*., pp. 9–10, 16.
(22) Weston, *op. cit*., pp. 7–8; Ad. Speed, *op. cit*., chapt. V; Yarranton, *op. cit*., p. 11; A. R. Michell, "Sir Richard Weston and the Spread of Clover Cultivation" (*Agr. Hist. Rev*., vol. XXII, Pt. 2), pp. 160–161.
(23) Yarranton, *op. cit*., pp. 11–12, 25–26.
(24) *Ibid*., "To the Reader".
(25) Fitzherbert, *Surveyinge*, chapt. XXIV–XXXVII, *Husbondrye*, pp. 27–28, 77–78, 96–97.
(26) *Surveyinge*, chapt. XXV (p. 79).
(27) *Ibid*., pp. 80–84.
(28) Speed., *op. cit*., pp. 122–130. なお彼は，本書の序文で，「人びとが勤勉にかつ上手に改良を行ない施肥を実施すれば，新植民地を求めてジャマイカなどまで行かなくても，イギリス国内に充分な土地がある」といっている。
(29) 以下の点については，J. Evelyn, *Terra: A Philosophical Discourse of Earth* (1st ed., 1675), A. Hunter ed., 1778, pp. 104–109 を参照。
(30) *Ibid*., p. 109.

(31) *Ibid*., pp. 113–115. なお，この時代の “nitre” というのは「硝酸ソーダ」を指すが，空中や雨水に含まれるのも，チリ硝石 saltpetre ——それを砕いたのが人造硝酸ソーダ——に含まれるのも同じものと考えていた。

(32) *Ibid*., pp. 87–88, 94–96, 100.

(33) *Ibid*., pp. 101–102.

(34) *Ibid*., p. 103.

(35) J. Tull, *Horse-Hoeing Husbandry*, 1733, pp. 14–15, 17–20.

(36) *Ibid*., pp. 20–29, 126–127, etc.

(37) A. Young, *Annals of Agriculture*, Vol. XVIII, p. 588.

(38) Chaptal, Elements of Chemistry (translated from French), 1791, vol. I, pp. i–ii, xvii.

(39) *Ibid*., pp. i–ii.

(40) このような点に関しては，さし当り A. J. Bourde, *Influence of England on the French Agronomes, 1750–1789* を参照。

(41) J. B. Boussingault, *Rural Economy in its Relations with Chemistry, Physics and Meteorology*. . . , 2nd ed., 1845, pp. 54–84.

(42) *Ibid*., pp. 54–55.

(43) *Ibid*., pp. 309–311, 399–451.

(44) Davy, *Elements of Agricultural Chemistry*, 1813, pp. 154–161, 273–274. なお，Margarett Rossiter, *Emergence of Agricultural Science*, pp. 12–14, 16–18 参照。

(45) A. Thaer, *Grundsätze der rationellen Landwirtschaft* (Neue Ausgabe, 1880), SS. 3–4, 186–199.

なお、飯沼二郎『ドイツにおける近代農学の成立過程』一四五〜一四七頁、一六五〜一七六頁、および相川哲夫『農業経営経済学の体系』三一五〜三四三頁をあわせて参照。

第五章　マルクスとリービヒ

一　思想と科学

「自然科学の立場からの近代農業の消極的側面の展開は、リービヒの不朽の功績の一つである」というのは、『資本論』のなかのマルクスの言葉(1)であるが、このようなマルクス（およびエンゲルス）の評価とはまったく対照的に、化学者や農業経済学者、歴史家たちは、十九世紀半ば以降今日にいたるまで、ほとんど一様にリービヒを非難しつづけてきた。

公害や自然破壊が問題になり、「食物連鎖」とか「リサイクリング（＝資源の再利用）」、「有機農業」等に人びとの関心がたかまってきたこのごろでも、リービヒに対する評判は相変らず悪く、彼があたかも「有機農業」を否定し農業の「化学化」を推進しようとした元凶であるかのようにいう人すら出てきている。

そのような、科学の発展過程を無視した極端に非歴史的な——しかも完全にまとはずれの——非難はさておくとしても、リービヒに対する批判は、同時代の自然科学者や社会科学者たちの批判以後今日にいたるまで、ほとんど定式化された形でくりかえされている。たとえば、スウェーデンの農業経済学者ノウ Joosep Nõu が十九世紀第三の四半期は「リービヒの時代」であり「農業経済学にとっては『幽囚時代』である(2)というとき、彼は、ゴルツ Theodor von der Goltz やブリンクマン Th. Brinkmann 等によって定式化された「リービヒの限界越脱」、「この上もなく粗雑な経済学的誤謬を含む……自然科学的独断(3)」というような「私経済的」立場からするリービヒ批判をくりかえしているにすぎないのであるが、そのような批判自体がまた、マロン H. Maron(4)とかコンラート J. Conrad(5)、ラスパイレス Laspeyres(6)というようなリービヒと同時代の「国民経済学者」たちの彼に対する批判を踏襲するものなのであった。

経済学者たちが、リービヒは偉大な化学者ではあっても化学の領域をこえて経済や歴史の領域にふみこんだのが誤まりのもと、というとき、自然科学者たちは、リービヒの化学そのものを問題にするというよりも、結局は国民経済学者たちと同じく、彼の化学にもとづく近代農業批判の側面――近代農業を「洗練された掠奪農業」という彼の「地力消耗説」Theorie der Bodenerschöpfung――を逆に論駁することに力を注ぐのであった(7)。

しかし、論争などというものは、それがいくらかでも科学的であれば、いつかは落着くべきところに落着くのであって、そういうぐあいにいかないのは、誤解にもとづく中傷をつみ重ねているばあいか、論点が科学をこえる思想に――あるいは科学的認識を妨げるイデオロギーに――かかかわり合いをもっているときである。リービヒと彼の多くの論敵との間でたたかわされた議論およびその後の論争――たとえばリービヒが提起した近代農業と地力消耗の問題に関する論争や「収穫漸減の法則」をめぐる論争等――においても同じことがいえる。人びとがリービヒの「越脱」を非難するとき、マルクスは、本章のはじめに引用した個所でさらに続けて、「農業史に関する彼の歴史的概観も、粗雑な誤りがなくもないとはいえ、いくすじかの光明を蔵している」といい、また、地代に関する論述を含めて『資本論』の草稿が「でき上った」ことを知らせたエンゲルスあての手紙の中では、リービヒ(やシェーンバイン)が、地代の問題に関しては「すべての経済学者……以上に重要だ(8)」というのであった。そして、マルクスのそのような評価を知るよしもないリービヒは、「ミネラル・セオリー」という「あわれなヤーフェ」の嘆きをくりかえすのであった(9)。

しかし、彼の思想がマルクスによって完全に理解されたように、彼の「ミネラル・セオリー」も、論争や事実による検証の過程をへて、やがてその基本的部分が少なくとも関係者たちの間で科学的に理解されるにいたるのであった。

(1)　第一巻第一三章「機械と大工業」のところ(『マルクス・エンゲルス全集』第二三巻a、六五七頁)。
(2)　Joosep Nõu, *The Development of Agricultural Economics in Europe*, 1967, pp. 154–156, 493–503.

（3） ブリンクマン『農業経営経済学』（大槻正男訳）一九七〜一九八頁、二〇三頁。同じような指摘は、ゴルツ『独逸農業史』（山岡亮一訳）三三三〜三三五頁にもみられる。

（4） H. Maron, "Gespenst der Bodenerschöpfung" (Faucher, *Vierteljahrsschrift für Volkswirtschaft und Kulturgeschichte*, Bd. II, 1863, S. 145 ff).

なお彼は、それ以前はリービヒの所説の熱烈な支持者であり、すでにのべた通り、プロシャの「東アジア調査団」の一人として来日したときには、リービヒとまったく同じように、人糞尿肥料による日本農業を讃美している（本書、序章、参照）。

（5） J. Conrad, *Liebigs Ansicht von der Bodenerschöpfung und ihre geschichtliche, statistische und nationalökonomische Begründung*, 1864.

（6） Laspeyres, *Justus von Liebigs Theorie der Bodenerschöpfung von nationalökonomischen Standpunkte beleuchtet*, 1864.

（7） これはヴァルツ Gustav Walz やローズおよびギルバート J. Lawes & J. Gilbert に代表されるが、詳しくは前述第二章、参照。

（8） 「マルクスからエンゲルスへ」（一八六六年二月十三日）、『全集』第三一巻、一四六頁。

（9） 「『父をさがし求める小さなヤーフェ』のように、『ミネラル・セオリー』というあわれな子はひどい扱いをうけ、バカにされることになった。なぜなら、彼は、大きな財布も金を出すばかりではやがてはカラになるという意見だったからだ」。しかし、「もし土地が、出ない乳をしぼり取られる牛や、ほんのわずかの飼料で酷使される馬のように、なき声をあげることができたら、そのような取扱いをする農業者にとって、大地はダンテの地獄よりも耐えがたいものになるであろう」（Liebig, *Letters on Modern Agriculture*, 1859, p. 161）。なお、これと同じような表現は、彼のその他の諸著書（たとえば *Naturgesetze des Feldbaues*, 1863 の序文）の中でもくりかえされている。

二　人間と自然との物質代謝

マルクスが、「人間と自然との間の物質代謝 Stoffwechsel」というとき、それは、人間が自然的・類的・意識的存在として自然との不断の交流過程のなかで生きるということであり、したがって、動物のばあいとは異なって人間のばあいには、単に彼の肉体的生活が自然とつながっているだけではなく、彼の「精神的生活が自然と連関[1]」しているということ、そしてさらに、自然とのかかわり合いそのものが「労働過程」を媒介として行なわれるということを意味している。すなわち彼によれば、人間においては、「彼の外部の自然に働きかけかつこれを変化させることによって、同時に彼自身の自然を変化させる[2]」のであって、その点において、単に環境たる自然に適応するだけの――あるいは自己に適合的な環境を求めて移動するだけの――動物と区別されるばかりでなく、また、現代の人間が過去の人間と区別される。たとえば、農業を通じて行なわれる人間と土地との物質代謝を考えてみても、その土地は原始人にとっての自然（＝自然のままの大地 Erde）とは異なって「人間化された自然[3]」であり、人間の歴史のなかで手を加えられ変化せしめられた耕地や牧草地――すなわち、経済学的にいえば「労働の対象ではなくて労働手段[4]」となった土地――である。

しかしながら、いかに手を加えられ改良投資がなされた耕地や牧草地であろうとも、土地(Grund und Boden)は土地であり、したがって物質代謝過程をもって土地と連関している「自然的存在としての人間」は、「自然の一部」であることに変りはない。だからたとえば、役畜として、また「肥料製造機械」ないし「物質代謝機械」Stoffwechselmachinen(5)として労働手段であると同時に、結局は肉として売られる肥育の対象でもあるような牛が、耕作機械と化学肥料と輸入牛肉(つまり品種改良と国際的分業の産物たる牛肉生産の地域的専門化)とにとって代られるとき、農業労働者は、彼自身、耕作機械を動かすことはできても生きている牛を扱うことのできない「剰余価値生産機械」Maschinen zur Fabrikation von Mehrwert になっていることを知らされるのである。

もっとも、そのときには、彼はまた「土地の自然力を荒廃させ破壊させる」ということが「労働力したがって人間の自然力を荒廃させかつ破滅させる(6)」ことにほかならないということに気づく、というわけである。

ところで、マルクスのこのような把握が、人間と自然との物質代謝に関するリービヒの思想と科学に依拠するところがいかに多いかは、マルクスの表現およびリービヒからの引用によって明らかである。実際、「ドイツにおける新しい農業化学、ことにリービヒとシェーンバインは、この問題(注・地代の問題)に関してはすべての経済学者をひっくるめてもそれ以上に重要(7)」であるというマルクスは、ドイツ人たちによる「リービヒの土地疲弊論にたいする反論」や「鉱物肥料論者と窒素肥料論者との間の論争」などを網羅的に検討し(8)、リービヒのように「深く思考する……ドイツ人を誇りに感ずる(9)」というのであった。

マルクスにとっては、社会的生産のいずれの「歴史的形態からも独立させ」て、「諸使用価値の生産」過程として「抽象的に考察された」労働過程論は、「労働の……社会的な生産諸力と同様、その自然によって制約された生産諸力も……資本の生産力として現象する(10)」資本制生産様式そのものの理論的・歴史的解明のために必要であったのであるが、そればかりではない。それは、彼の人間解放の思想にとっての基本的視角を与えるものでもあった。そのことはたとえば、労働過程は「人間と自然との物質代謝の一般的条件であり人間生活の永遠的な自然条件」であるという彼の言葉、あるいは、そうした物質代謝過程をもって結びついている人間の自然力(＝労働力)と土地の自然力こそは人類の永遠の「富の源泉」なのであって、したがって、労働のみが「すべての富の源泉である」というようにいうことは、「人間があらゆる労働手段と労働対象との第一の源泉たる自然にたいして、はじめから所有者として対し、この自然を人間の所有物として取り扱う」「ブルジョワ的ないい方(11)」にすぎないという彼の批判にあらわれている。

つまり、「疎外された労働」によって「対象的に展開された富」が私有財産であるような社会と、「人間と自然との完成された統一」であるような社会(12)というマルクスの人間解放視点における対比がものがたっているように、人間にとっての自然と人間自身の自然が、人間の歴史のなかでどのように生成してきたのか、そしてどのように生成していくのかという点の把握が彼の人間解放の思想の基本的立脚点であったとすれば、そのような彼の自然認識において、とりわけ人間と土地との物質代謝の把握において、リービヒの思想と科学が充分に生かされるのであった。だからマルクスが、労働者は「直接的な労働過程の外部においても、労働用具と同じように資本の附属物(13)」だというとき、彼はリービヒを引用しつつ、資本家が資本の再生産のための条件――「必要不可欠の生産手段たる労働者そのものの生産および再生産」――を「安心して労働者の自己維持本能と生殖本能に委ねることができる」のは、労働者が「牛馬が喰う」のと同じように「その個人的消費を自分自身のために行なう(14)」からであるというのであった。

リービヒによれば、「人間・動物・植物の生命は、それらの生命活動の継続の原因をなす諸条件すべての回復と密接不可分の関係にある。そして土壌は、その諸成分により、植物の生命活動に参加する(15)」。すなわち、自然界の生命現象は「動物と植物との物質代謝 Stoffwechsel(16)」の過程なのであるが、「植物の生命活動に関与する土壌・水・空気等のすべての成分と植物体および動物体を構成する諸成分との間には相互に関連があり、しかも、無機質類の有機体的活動の担い手への変化を媒介する全体的連関のくさりの輪が一つでも欠けるようなことがあれば、植物も動物も生存しえなくなる(17)」。

いいかえれば、リービヒにおいては、自然は人間を含む動物と植物との物質代謝過程として「生きている自然」であり、そのような意味で、「人間がいなくても継続する」とはいえ「人間が加わりうる巨大な循環 ein großer Kreislauf(18)」として把握される。したがって、「自然諸法則のなかで最も普遍的なもの」である「補充の法則」Gesetz des Ersatzes――すなわち、「諸現象はそのための諸条件が回帰し同じ状態を保持するばあいにのみ永続しうるという法則(19)」――こそは、人間と自然との物質代謝過程とりわけ人間と土地との物質代謝過程の根幹をなす農業のあるべき姿を判断する準拠をなす、ということになる。

マルクスが「リービヒの不朽の功績の一つ」とした「近代農業の消極的側面の展開」――すなわち資本主義農業の自然科学的批判――は、すでに述べたように、リービヒと彼の論敵との激しい論争の過程で次第に明確化してゆくのであるが、しかし、上述のような、人間および動物、植物の生命諸条件の完全な循環＝補充という彼の農学に一貫している基本的思想からすれば、そうなる必然性は初めからあったといってよい。

リービヒのこのような思想は、東洋の輪廻の思想に近いものをもっているようにみえる。事実彼は、中国(および日本)の農業に非常な関心を示し、人糞尿肥料を主体とするその農業のあり方を「世界中で最も完全な農業」であり、それに比べれば「ヨーロッパの農業ははるかに劣っている(20)」という。もっとも彼のばあいには、「動物および人間の排泄物、骨、血液、皮等をもって、植物が取り去った土壌成分すべては土地に返される[21]」という認識があった。すなわちリービヒは、自然の循環に基礎をおく彼の思想を、「すべて経験主義的」に、したがって「処方箋だけで作用の説明がない[22]」東洋的な形で展開するのではなくて、科学的裏づけをもって展開するのであった。すなわち、(1)「植物栄養の化学過程」、(2)「動物栄養の化学過程」、(3)「醱酵、腐朽[23]、腐敗の化学過程」、そしてそのような自然の循環過程の科学的(主として化学的)解明に基礎づけられた彼の「合理的農業論」としての(4)「農耕の自然法則」という体系がそれである。

(1)および(3)は一八四〇年に出版された『農業および生理学への応用における(有機)化学』*Die (Organische) Chemie in ihrer Anwendung auf Agrikultur und Physiologie* の第一篇および第二篇として展開され、(2)は一八四二年に世に出た『動物化学——生理学および病理学への応用における有機化学』*Die Thierchemie, oder die Organische Chemie in ihrer Anwendung auf Physiologie und Pathologie* において取扱われた。しかし、その後パストゥールの研究等により、醱酵や腐敗が単なる「化学過程」ではなくて、何よりもまず、腐敗菌その他の微生物の作用によるものであることが明らかとなったために、『化学』の第七版(一八六二年)にいたって(3)の部分は削除された。そして、その代りに『化学』の第二篇としてまとめられたのが(4)の『農耕の自然法則』*Naturgesetze des Ackerbaues*[24] なのであるが、それは、『農業化学原理』*Die Grundsätze der Agrikulturchemie* (1855)[25] や『農業における理論と実際』*Über Theorie und Praxis in der*

Landwirtschaft (1856) 等と同じく、彼の論敵との間でたたかわされた論争の産物という性格をもつものであった。

(1) 『経済学・哲学草稿』(岩波文庫版)九四〜九五頁。
(2) 『資本論』、「労働過程」(『全集』第二三巻第一分冊、二三四頁)。
(3) 『経済学・哲学草稿』参照。
(4) 『全集』第二三巻第一分冊、二三五〜二三七頁。
(5) 同上、二三九頁および五〇九頁(「機械と大工業」の章の注二一)。
(6) 『資本論』、「資本制地代の発生史」の最後のところ(『全集』第二五巻第二分冊、一〇四一〜一〇四二頁)参照。なお、同じような表現は「機械と大工業」の章(『全集』第二三巻第一分冊、六五六〜六五七頁)その他の個所にもしばしばみられる。
(7) 上掲、Iの注(8)を参照。
(8) 「マルクスからエンゲルスへ」(一八六八年一月三日)、『全集』第三二巻、五頁、および、同じくエンゲルスあての同年二月四日の手紙(同上、二八頁)を参照。ことに後者においては、マルクス、エンゲルスの親友であった化学者ショルレンマー Carl Schorlemmer に問い合わせたこの問題をめぐるその後の経過について、マルクスは「ショルレンマーの手紙のなかには……目新しいことはほとんどない」と書いている。
(9) 「マルクスからエンゲルスへ」(一八六六年二月二十日)、『全集』第三一巻、一五一〜一五三頁。
(10) 『全集』第二三巻第一分冊、四〇四頁。なお、同上、四七〜四八頁および、第二五巻第二分冊、九五八頁(「差額地代」のところ)参照。

(11) 「ゴータ綱領批判」（『全集』第一九巻、一五頁）。なお、この点に関し、五の注(16)を参照。

(12) 『経済学・哲学草稿』一〇二頁、一三三頁、その他を参照。

(13) 『全集』第二三巻第二分冊、七四六頁（「単純再生産」の章）。

(14) 同上、七四四～七四五頁。

(15) Justus Freiherr von Liebig, *Die Chemie in ihrer Anwendung auf Agrikultur und Physiologie* (9. Aufl., 1875), S. 311; *The Natural Laws of Husbandry* (John Blyth ed., 1863), p. 180.

(16) *a. a. O.*, S. 78. なお、同じ表現は彼の著作の各所にみられる。

(17) *Ibid.*, S. 10.

(18) *Ibid.*, S. 173.

(19) *Ibid.*, S. 189.

(20) *Chemistry in its Application to Agriculture and Physiology* (Edited from the manuscript of J. Liebig by Lyon Playfair), 2nd ed., 1842, pp. 183–185.

(21) *Familiar Letters on Chemistry, and its Relation to Commerce, Physiologie and Agriculture* (ed. by John Gardner, 1843), Letter XIV.

ちなみに、この著書は版を重ねるごとに増補され、ドイツ語版でいうと第一版（一八四四年）の二四書簡に比べ、第三版は三一書簡、第四版（一八五九年）では上下二巻で五〇書簡とかなり大きいものになっている（一八六〇年の普及版では一冊に合本されている）。第四版の増補の大部分は第三七―五〇の「農業化学書簡」であるが、「唯物論に関する書簡」（第二三書簡）も興味深い。

(22) *Chemistry*, p. 185.

(23) Verwesung, decay――すなわち、植物繊維その他有機質の「好気的分解」のことであって、リービヒによれば“*eremacausis*”としておく方がより適当であるが、「嫌気的分解」を意味する「腐敗」Fäulnis, putrefaction に対比されていることはいうまでもない。

(24) 一八六三年には単行本として出版され英訳版（*Natural Laws of Husbandry*, ed. by John Blyth）も出版されたが、リービヒの死（一八七三年）後にツェラー Ph. Zöller の手で改訂出版された『化学』の第九版（一八七五年）では再び合本されている。

(25) これには“……mit Rücksicht auf die in England angestellten Versuche”という副題がついているところからも明らかなように、ローズおよびギルバートの彼に対する批判に反論したものである（上述、第二章、参照）。

三　土地の自然力と経済的肥沃度

リービヒは、上述のような体系として展開される彼の理論を「鉱物質（あるいは無機質）論」Mineraltheorie とよぶのであるが、彼のいう「鉱物質論」とは、何よりもまず植物栄養に関する「無機質論」であり、「緑色植物のすべての栄養素は無機質である(1)」ということであった。もっとも、それだけなら彼の「ミネラル・セオリー」は、ソシュール De Saussure やブッサンゴー Boussingault あるいはシュプレンゲル Carl Sprengel というような彼の先輩ないし同時代の化学者たちのばあいと大差ない。リービヒのばあいには、それを「有機質的自然と無機質的自然との間に存在」する「驚異的な連関(2)」――つまり自然の循環――の謎をとく鍵として位置づけ、しかも、そのようなものとしての「植物栄養の化学的過程」に関する理論をもって、当時支配的であった肥料の効用に関する「腐植説」Humustheorie――およびそれに代って登場してきた「窒素説」Stickstofftheorie――を科学的に批判するのであった。

すなわち彼が、「動物および人間の糞尿等は、有機質的成分が植物に直接吸収されるのではなく、それらの腐敗、分解過程の産物により間接的に――したがって炭酸中の炭素およびアンモニア中の窒素の移行の結果として――植物に作用を及ぼす。動植物の一部からなる有機質肥料も、無機化合物として土に帰し、かつ地力の補充をなす(3)」というとき、それは、テーヤ Albrecht Thaer その他の人びとの「腐植説」(=「有機質説」)に対する彼の批判を意味すると同時に、厩肥さえ施していれば問題は起こらないと考えていた当時の「経験的農業者」たちに対する警告のはじまりでもあった。そしてまた、「動物体の発達は、植物の生命がそれをつくり出すことによって終るところの物質をもって始まる。各種の穀物や飼料作物等は……多年生植物ですらも……種子をつくるとともに死ぬ。しかし、植物の無機質栄養素から始まり動物の神経系統や頭脳等の最高に複雑な成分にいたる有機体の無限の連関には、空白もなければ断絶もない。動物の血液をつくる栄養物は、植物の生産的エネルギーの最終産物なのである(4)」というとき、リービヒのその「すばらしい哲学的把握(5)」の根底には、「無機質の土壌成分」、「炭酸およびアンモニアという大気成分」、および水(そして日光)をもととする植物栄養の化学過程に関する「無機質論」があった。

とはいえ、植物体内における硝酸還元酵素等はいうにおよばず、根瘤菌やアゾトバクター等の土壌細菌、有機物を分解する細菌ないし酵素等々の存在すらまだわかっていない時代であってみれば、彼のいう「窒素の循環」はもちろん、「カリの循環」や「燐の循環」にしても、今日のように明確でなかったことはいうまでもない[6]。また、彼の主著『化学』の第三版(一八四三年)において、彼がクローカー Kroker の土壌分析結果にもとづき、窒素肥料不必要論を展開したとき、それはやはり根瘤菌等による空中窒素固定の事実がわかっていなかったことが混乱の最大の原因であったといえるし、それがために特定の土地における窒素代謝と地球的規模での窒素(アンモニア[7])循環を混同し、したがって植物栄養上の窒素の役割と窒素肥料の効用とを同一視する混乱をまねいたものということができる。

しかし、窒素肥料の効用をめぐる大論争の過程で彼がその混乱に気づき、問題の核心が植物栄養と肥料との相違点にあることを認識するにいたったとき、彼の「ミネラル・セオリー」は鉱物質(本来の土壌成分)の補充を重視する「無機質説」として明確化されると同時に、近代農業批判という側面をますます強くもつようになるのであった。

すなわち、リービヒが土地の「肥沃度」Fruchtbarkeit(=地力)と土地の「生産性」Ertrags-vermögen との区別を重要視[8]するようになったのは、イギリス資本制農業のイデオローグであったローズ John Lawes およびギルバート Joseph Gilbert との論争の過程で、「植物の生育にとっては」——つまり植物栄養上は——「いずれの栄養素も等しく重要」であるのに、「農業者にとっては」——つまり肥料という経済的観点からすれば——それぞれの要素は「異なる価値」をもつ(9)ということに気づいたからであった。そしてまた、今日では周知の彼のいわゆる「最少養分律」Gesetz des Minimums(10)とか植物栄養学的な意味における「収穫漸減の法則」Gesetz des abnehmenden Bodenertrages(11)等が確認されるにいたったのも、さまざまな土質の土地における肥料の質的および量的効果が、彼の論敵をはじめとする多くの人びとの実験によって明らかになった結果であった。

つまり、「私の水車に対する最大の給水源は私の論敵の方にある(12)」というリービヒにとっては、一〇年以上にもわたる論争およびそれにともなう実験が、彼の「無機質説」の内容を豊富にし明確にする結果になったと同時に、ある種の肥料をもって収穫とりわけ利潤の増大のみを計り、土地の自然力の荒廃などには関心をもたない近代的農業者への批判としての性格を明確にする結果にもなったのである。なぜなら、人間と土地との物質代謝が「無機質論」的に明確にされるということは、当然のことながら「合理的農業」論の「無機質論」的展開を意味するものであったからである。そして、リービヒの「合理的農業論」を基準とする現状認識が、資本制農業批判として展開されたとすれば、彼の歴史認識が過去の農業——とりわけ休閑とか輪作とか厩肥——に対する批判となってあらわれるのであった。

それらの点の詳細はつぎにみることにして、ここではリービヒの「無機質説」の自然科学的内容について、もう少しみておこう。

マルクスは、リービヒの功績を評価しつつ、「……といっても惜しまれるのは、彼がつぎのようなデタラメをいっていることである」として、「耕地の収穫増大は充用される労働に比例するものではありえない」といういわゆる「収穫漸減の法則」を「J・S・ミルによってはじめていい表わされた……農業上の一般法則」としてリービヒが認めている点を指摘している(13)。もっとも、エスレン Joseph Esslen が着目しているように(14)、後に『資本論』第三巻の「最劣等地における差額地代」の章では、マルクスは「継起的な資本投下にさいしての土地の生産性減少については、リービヒのものを一読すべし」として、明らかにリービヒのいう「収穫漸減」を「追加資本の生産力の減少」とは異なるものとしている(15)。すでにのべたような、地代論の草稿を書きおえた後のマルクスのリービヒに対する高い評価(16)と併せ考えるならば、さきの『資本論』第一巻での指摘は訂正されたものとみてよい(17)。

実際、リービヒのいう「収穫漸減の法則」とは、彼の「最少養分律」――すなわち、土壌中の各種植物栄養素のうち、それぞれの必要量に対して最少量しか存在しない栄養素が「収穫の量および収穫可能年数を規定する(18)」という法則――と密接に関連している自然科学的性格のものであり、「二倍の労働は二倍の養分を吸収可能にするわけではない(19)」ということなのであった。つまり彼の説明によれば、ある土地のある作物についての最少養分が燐酸であるとすれば、燐酸肥料を与えることによってその作物の収穫は増大するが、しかし燐酸肥料の施肥量に比例して無限に収穫が増大するわけではなくて、新たな最少養分——たとえばいまや相対的に最も欠乏しているカリ——に規定されるようになり、したがってカリを加えなければ収穫もそれ以上には増加しないというのである(20)。

それゆえリービヒによれば、土地の肥沃度は「特定作物の生育に必要な植物栄養素のすべての量に比例」するものであり、したがって肥料は土壌と作物の性質に応じて適正な比率をもって配合される必要があるし、農産物の販売によって失われるそれぞれの養分の量と各種肥料の必要量とを「経営管理のうまくいっている工場の会計簿のように……正確に記録」しておきさえすれば——そのために化学者と農業経営者が協力すれば——「合理的農業に到達しうる(21)」ことになる。

このようにみてくれば、さきの個所でマルクスが引用しているリービヒの言葉——「さらに細かく粉砕し、繰りかえし犂耕することによって、有孔性土壌内部での空気の流通は助長され、空気の作用をうける土壌面は拡大され更新されるが、しかし、容易に理解されるように、耕地の収穫増大は充用される労働に比例するものではありえず、ずっと小さい割合で増加するにすぎない」という指摘——は、むしろマルクスが同じ個所の本文でのべていること——すなわち、「資本制農業のあらゆる進歩は、ただ労働者から掠奪する技術における進歩であるだけでなく、同時に土地から掠奪する技術の進歩であり、また、ある与えられた期間内に土地の豊沃度を高めるためのあらゆる進歩は、同時にこの豊沃度の耐久的源泉を破滅せしめるための進歩である(22)」というわばリービヒ思想の真髄——につながるものであることがわかる。したがって、ソヴィエトの土壌学者ゲラシーモフ Д. Р. Герасимов およびグラゾフスカヤ М. А. Глазовская のように(23)、リービヒの「いわゆる『土地収穫漸減則』……は、マルクスによって批判され」、さらにレーニンによって「完膚なきまでに批判」されたというのは妙な話であるといわざるをえない。いわんや、マルクスのいわゆる「経済的肥沃度」の増大に関する指摘、あるいはレーニンの「機械や改良された生産方法の導入」による「資本投下を上廻わる……収量の増加」という表現を引用して、リービヒを否定してしまうにいたっては、およそ自然科学者らしからぬ速断というほかはない。

（1）　これは彼の『化学』の初版以来くりかえし述べられていることである。
（2）　*Chemie* (2 Aufl.), S. 2; *Über Theorie und Praxis*, S. 14.　なお三沢嶽郎訳「農業における理論と実際について」（『農業技術研究所資料H』1号、一九五一年）六頁を参照。
（3）　*Chemie* (9 Aufl.), S. 10.
（4）　ここでリービヒがいっているのは種子の主成分たる植物性蛋白（アルブミンその他）である——

Familiar Letters on Chemistry, Letter XVI, Letter XXVI.

（5） A. W. Hofmann, *Life-Work of Liebig, in Experimental and Philosophic Chemistry*…… (1876), pp. 30–31.

（6） 最近における「物質循環」概念図については、たとえば G. L. Clarke, *Elements of Ecology* (1954), p. 299 を参照。なお、リービヒのそれについては、たとえば *Chemie* (9 Aufl.), Anhang J にカリと燐酸についての循環 Kreislauf が実例をもって示されているほか、概念的には各所に展開されている。

（7） リービヒは植物栄養素として窒素成分を問題にするとき、主としてアンモニア態を考えていたが、シェーンバイン C. F. Schönbein の実験（一八六〇年）以来、硝酸態（腐敗過程で生ずると同時に物質の燃焼により空中窒素から生ずる）をも重視するようになった――*Natural Laws of Husbandry*, pp. 308–309. なおこの点についてはマルクスも大いに注目している（「マルクスからエンゲルスへ」一八六六年二月二十日、『全集』第三一巻、一五一～一五三頁）。

（8） リービヒが両者を明確に区別するようになるのは *Naturgesetze des Feldbaues* (1862)――とくに "Der Boden" のところ (SS. 272–275)――であるが、ローズおよびギルバートに対する総括的批判としての *Über Theorie und Praxis* (1856) および *Naturwissenschaftliche Briefe über moderne Landwirtschaft* (1859) では、イギリスの「ハイ・ファーミング」（高度集約農業）に代表される近代的農業は「よりいっそう洗練された掠奪農業」であり、収穫＝「生産性」のみを重視する地力（＝「肥沃度」）掠奪的農業であるという観点を明確にしている――なお後述四および五を参照。

（9） *Letters on Modern Agriculture*, pp. 25–26; 245–246.

（10） リービヒの「最少養分律」は彼の『化学』第七版（一八六二年）――とくに後篇（第二巻）の『農耕の自然法則』(*Natural Laws of Husbandry*), pp. 207–210; *Chemie* (9 Aufl.), SS. 333–334――に出てく

る。

(11) これも『化学』第七版に出てくる。ただし「収穫漸減の法則」という表現は使っていない——*Chemie* (9 Aufl.), Einleitung, S. 80 参照。

(12) Hofmann, *op. cit.*, p. 32.

(13) 『全集』第二三巻第一分冊、六五七〜六五八頁(「機械と大工業」、注三二五)。

(14) J. Esslen, *Gesetz des abnehmenden Bodenertrages seit Justus von Liebig* (1905), S. 59.

(15) 『資本論』第三巻、第四四章(『全集』第二五巻第二分冊)九五七〜九五八頁。

(16) 上掲Iの注(8)のマルクスの手紙を参照。

(17) もっとも第一巻(「機械と大工業」のところの注三二五)の指摘は、前後の関係が必ずしも明確でなく、もしマルクスの意図が、単に「収穫漸減の法則」をいい出したのはミルが始めてではない、という点の指摘にあったとすれば、問題は消滅する。

なお、ここでリービヒがいわゆる「収穫漸減の法則」を問題にしているのは、J・S・ミルのばあい、収穫漸減がどうしておこるのか「その基礎を知らな」いまま「法則」視されているからであり、その意味ではむしろ、ホフマンの指摘しているように、それは「(収穫漸減の)原因もその改善方法も知らずに、(一般法則として)予言する……マルサス派経済学者を批判」するもの(Hofmann, *op. cit.*, p. 19)とみるべきであろう。したがって、リービヒが『労働』という言葉を経済学上の解釈とはちがう意味に解している」ことを知っていたマルクスは、当然それを単に「解釈の誤まり」として片づけるべきではなかったのであるが、おそらく彼のばあい、リービヒにおける「収穫漸減の法則」の自然科学的意味を、彼の「最少養分律」との関連において充分理解しえなかったものと見てもよいであろう。

(18) *Natural Laws*, pp. 207–210.

(19) *Chemie* (9 Aufl.), Einleitung, SS. 80–81.

(20) *Natural Laws*, pp. 132–133; 207–215, etc. もちろん、「欠乏」といっても「吸収可能状態にある植物栄養素」のことを問題にしているのであって、「化学的結合状態」にある栄養素についていえば、そのようなばあいでもしばしば「過剰」である――この点、*Ibid.*, pp. 308–310 参照。なお、リービヒ以後の自然科学における「収穫漸減の法則」の研究については、さし当り『農学事典』(養賢堂)一一七一～一一七二頁、一一七三～一一七四頁参照。

(21) *Familiar Letters*, Letter XV.

(22) 『全集』第二三巻第一分冊、六五七頁。ついでにのべておけば、ここでマルクスがいっていることは、リービヒの表現そのままといってよい。

(23) 以下、Л・P・ゲラシーモフ、M・A・グラゾフスカヤ『土壌地理学の基礎』(菅野他訳、一九六一年)上巻、三四六～三四七頁、三五〇～三五一頁等を参照。なお、明らかにおかしいと思われる訳語は訂正した。

四　洗練された掠奪農業

リービヒは、一八四〇年以前――すなわち彼の主著『化学』の初版が刊行された年以前――の農業を「休閑」と「厩肥」と「輪作」=「作物交替」Fruchtwechsel とをもって特徴づけ、それらを経験的に基礎づけているものは一口でいえば「有機質論」=「フムス説」であるという(1)。「休閑」とは何かといえば、彼によればそれは、焼畑農業その他の「移動耕作」と同じく、収穫の減少した土地を休ませ、空気や水や大気中のアンモニア等の作用により風化、有機質の分解、「化学的結合状態にある養分」の植物の吸収可能状態（＝「物理的結合状態」）への変化を促進せしめ、雑草による下層土の栄養分の吸上げ、放牧による施肥、犁耕による雑草のすき込み等をもって地力を回復せしめることを意味する(2)。

「輪作」とは何かといえば、それは、必要栄養素が量、質ともに異なる作物種類を組合わせ、かつ「同じあるいは異なる地層から異なる量の養分を吸収する」作物種類を組合わせることによって、それぞれの作物に「休閑と同じような効果」を生ぜしめること(3)である。

「厩肥」とは何か。それは「地力の担い手であるフムス(腐植)」のもととみなされ、「農業者の魂」とされてきたものであるが、化学的にいえば、それは、藁を含む家畜の食べた植物の栄養素のほとんどすべてを土地に返すことのできる完全肥料である(4)。

したがって、リービヒ流儀にいえば、「三圃制」とは三年分の収穫を二年でとることであり、「厩肥農業」Stallmistbetrieb は、農産物を販売せず、人間および家畜の糞尿、麦わら等をすべて肥料として土地にかえす自給自足の経営を前提するかぎりにおいては、完全に「合理的経営」たりうる——すなわち完全に地力を維持できる——性格のものである(5)。

ところが歴史具体的には、そのようになっていなかった。なぜなら、「植物栄養素であるだけでなく……地力回復の手段であり地力の維持に役だつ厩肥(6)」その他、作物の収穫によって取り去られた土壌成分のすべてをもとにもどさなかったからであり、とりわけ農産物を販売するようになったからである。そしてそのかぎりでは、休閑や輪作が「地力消耗 Erschöpfung の時期をおくらせるにすぎない(7)」ものであったとすれば、「三圃制」農業から「新穀草式」農業 neuere Feldgraswirtschaft, ley farming への発展は、クローバーその他豆科の牧草が土壌中の窒素成分をふやすとはいえ、その他の土壌成分——とりわけ下層土の養分——の消耗を促進する役割をはたすという意味において、地力を収奪する技術の進歩なのであった。イギリスにはじまる近代的農業の技術的特徴をなす「ノーフォク式輪栽農業」Norfolk Rotation にしてもその点においては何ら変りはなく、ただ「より洗練された掠奪農業」となったにすぎない。

「すべての作物は例外なしに土地を消耗させる(8)」ものである以上それは当然であり、収穫の増大はすなわち地力の減退を意味する。それゆえリービヒは、「排水」、「改良された機械の導入」、「下層土まで根の伸長する」豆科の牧草類をはじめ、さまざまな新しい「作物種類の選択」等々の「農業の改良」により、「厩肥農業の穀物収穫は増大」するが、その結果「耕土 Ackerkrume ばかりか下層土の栄養分もより急速に減少してしまう」し、それが「厩肥農業の必然的結末である(9)」というのであった。

それぱかりではない。排水工事をはじめとする土地改良や「ノーフォク式輪作」とともに、十九世紀後半のイギリス農業（=「高度集約農業」）のきわだった特色をなすグアノ肥料・油かす・

骨粉等の利用も、リービヒによれば地力の消耗を促進せしめるものであった。なぜなら、それらの肥料は、土壌成分(ことにカリをはじめとする鉱物質栄養素)を補充するものではないからであり、それらの土壌成分に関するかぎりでは、深耕 Tiefkultur や排水工事、機械の導入等と同じく、「より少ない肥料でより多くの収穫をあげる農耕方式(10)」にほかならないからであった。

もっとも、「ハイ・ファーミング」が高度に集約的な農業であったゆえんは、土地の改良および農業そのものの改良のために多額の資本が継起的に投下されるという点にあったし、そのなかでは購入肥料や購入飼料——これもまた結局は肥料の増大につながる——のための投資が大きなウェイトをしめていたことも事実であった。そして購入肥料とりわけ人造肥料をもって地力の減少を補充することを主張するリービヒが、それを攻撃する理由はなかった。それにもかかわらず、彼が「ハイ・ファーミング」を「洗練された掠奪農業」というのは、「土壌と肥料との関連を……生産量を介してのみ知る(11)」——すなわち、収穫高だけで肥料の効用をはかる——「実際的農業者」や多くの化学者たちが、ますます窒素肥料万能論的傾向を強めていくからであった。とりわけ、リービヒの最大の論敵であったローズおよびギルバート両氏は、イギリス資本制農業の現状を肯定したうえで、「一語にしていえば、イギリス農業の現状では……土壌中の利用可能窒素を増大せしめることによってのみ……生産が可能(12)」であるというのであった。そして実際、ロザムステッドの実験農場における彼らの数十年間におよぶ実験も、収穫をもって判断するかぎり、人造窒素肥料の効果は明らかであった。

もっとも、彼らの実験によっても、窒素肥料と同時にカリとか燐とかマグネシウム等を含む「ミネラル肥料」を併用した方が収穫も多く[13]、また、窒素肥料だけを用いるときには土壌中のミネラル成分の損失が著しい[14]ことも明らかであった。しかし彼らは、イギリス流の輪作――すなわち、小麦・大麦の間にクローバー等の牧草、かぶ等の根菜類を作付ける輪作――と、厩肥および牧草・根菜栽培地への放牧による施肥 home manuring、そして穀物・肉だけの販売――したがって麦わら等はもとの土地にもどされる――という近代的農業を続けるかぎり、カリは二〇〇〇年、珪素は六〇〇〇年、燐でも一〇〇〇年は欠乏のおそれなし、と計算するのであった[15]。つまり、今日的にいうならば、充分に許容範囲内のことであるにすぎず、また、彼らにとっては、そもそも近代的農業とは通常「事実上――したがって農業的に――不毛の状態」practically, and agriculturally exhausted state にある土地を前提として行なわれるもの[16]なのであった。

つまり、「リービヒの理論とは、植物の生育に必要なミネラル成分が根のとどく範囲になければならないというだけのことなら、それはわかりきった自明の理 truism」にすぎない[17]のであって、問題は「相対的に不足している成分」がなにかということであるというローズおよびギルバートにとっては、土地の自然力あるいは自然的豊沃度は問題ではなかったし、いわんやもとはといえば岩石の風化の産物にすぎないミネラル成分の消耗などは、どうでもよかったのである。

なぜなら、彼らにとっての唯一の現実である資本主義的農業にとっては、誰がつくったものでもない――したがって、経済学的な意味における価値をもたない――自然力が計算に入らないのは当然だったからである。

このようにして、肥料の効用に関する「窒素説」Stickstofftheorie――すなわち、収穫によって養分の不足を判断し、肥料の効用をはかれば、窒素肥料が最も不足しておりかつ有効であるとする説――に対するリービヒの批判は、論争の過程で必然的に資本主義農業批判とならざるをえなかった。そしてマルクスは、すでにみてきたようにリービヒの「農業史に関する概観に……卓見」を見出すと同時に、とりわけ彼のこのような「近代的農業の消極的側面の展開」を「リービヒの不朽の功績の一つ」とし、さらに『資本論』の草稿を書きおえた後においてもなお、「鉱物肥料論者と窒素肥料論者とのあいだの論争」のその後の経過に関心をよせたのであった(18)。それはいうまでもなく、リービヒの農業史に関する概観が、ラスパイレスのいうような意味で「唯物史観」的だったからではなく、人間と土地との物質代謝という観点からする彼の農業の発展過程に関する把握をマルクスが評価したからであり、そしてまた、同じ観点からするリービヒの資本主義的農業の現状認識が、『経済学・哲学草稿』以来の――とりわけ『資本論』における――マルクスの資本主義批判あるいは経済学批判の基本的視角に通ずる面をもっていたからであった。

(1) このような指摘は，リービヒの諸著作の各所でくりかえしのべられているが，さし当り *Chemie* (9 Aufl.), Einleitung, SS. 1-6, 47-74 を参照。

(2) *Ibid.*, SS. 122-132; *Familiar Letters*, Letter XII, XIII, etc.

(3) *Chemie* (9 Aufl.), SS. 142-143, 148-149; *Natural Laws of Husbandry*, pp. 174-175, 226-227, etc.; *Chemische Briefe* (4 Aufl.), SS. 197-220, 394-420.

(4) *Chemie* (9 Aufl.), Einleitung, SS. 2-3, 493.

(5) *Ibid.*, SS. 185-186. ついでながらのべておけば，リービヒは厩肥や人糞尿肥料等に多くのページをさいてその肥料効果を強調すると同時に，それらがもつ物理的効果――つまり，空気の流通・保温その他の効果――についてもくりかえしのべるのであって，その意味では「フムス説」を否定するものではなかったし，したがって「有機農業」否定論でもなかった。

(6) *Ibid.*, S. 167.

(7) *Ibid.*, S. 142.

(8) *Letters on Modern Agriculture*, pp. 177-178, 184-185.

(9) *Chemie* (9 Aufl.), SS. 342-343, 489.

(10) *Organic Chemistry* (1840), pp. 159-161; *Chemie* (6 Aufl., 1846), SS. 180-225.

(11) *Letters on Modern Agriculture*, pp. 3-4, 57.

(12) Lawes and Gilbert, "Reply to Baron Liebig's *Principles of Agricultural Chemistry*" (*Jour. Roy. Agr. Soc. Eng.*, vol. XVI, pt. 2, 1855), p. 90.

(13) これら実験結果の詳細は，*Rothamsted Memoirs*, vols. I-VII に収められている諸論文(もとは大部分 *Jour. R.A.S.E.* に掲載された)を参照されたいが，A. D. Hall, *The Book of the Rothamsted Ex-*

periments, 1905 (Revised by E. J. Russell, 1917) にその後の結果を含めて総括されている。

(14) Lawes and Gilbert, "On Some Points in Connexion with the Exhaustion of Soils" (in *Rothamsted Memoirs*, vol. I, 1893), p. 2.

(15) *Ibid.*, p. 3. なお、同じようなことはヴァルツ Gustav Walz によっても主張されているが、それについてはリービヒの皮肉にみちた反論がある——*Letters on Modern Agriculture*, pp. 150–151.

(16) Lawes and Gilbert, "On Agricultural Chemistry, especially in Relation to the Mineral Theory of Baron Liebig" (*J.R.A.S.E.*, vol. XII, 1851), yp. 4–7; "Reply", p. 14, pp. 25–26, etc.

(17) Lawes and Gilbert, "On Agricultural Chemistry", pp. 39–40.

(18) 上掲二の注(8)、参照。ただし、リービヒを「鉱物肥料論者」というのは、妥当ではない。

五 資本主義と自然力

マルクスのいうように、「人間と自然とのあいだの物質代謝の一般的な条件」としての「労働過程」は、それが「資本家による労働力の消費過程」、すなわち、資本のための商品生産過程として行なわれるようになろうとも、その「一般的な性質は……変らない(1)」。しかし、「労働過程と価値形成過程との統一」である商品生産過程においては、「使用価値は、それ自身のために愛されるものではな」く、「ただそれが交換価値の物質的基礎、その担い手であるがゆえに、まさにそのかぎりでのみ生産される」にすぎない(2)ものとなる。

労働力という使用価値、および土地の自然力（＝地力）という使用価値についても同様であって、労働力は、資本家にとってはあたかも「彼のぶどう酒ぐらの中の醗酵過程」における「生きている酵母(3)」のようなものであり、それらの生きのよいことが大切なのは、そうでなければ価値とりわけ剰余価値を生み出しえないからにすぎない。土地の自然力のばあいには、「それが生産においてどんな役割を果たそうとも、資本の諸成分としてではなく、資本の無償自然力として……参加する」だけであり、「価格規定にあたっては勘定に入らない(4)」ばかりか、「例外的に高い労働生産力の自然的基礎」として「超過利潤の自然的基礎(5)」をなすにしても、その超過利潤そのものは地代として地主のふところに入る。借地期間中における諸改良の結果たる超過利潤についていえば、それは借地農のポケットに入るが、しかし、そのことによって借地資本家の自然に対する関係が基本的に変るわけではない。したがって、いずれにしても資本家が「無償の自然力」の維持に関心をもたなくても不思議ではない。いわんや、絶えざる交流の中で生成発展する「人間自身の自然」と「人間学的自然」との関係が本質的に問題にされるわけはないのであって、「永遠の共同財産、脈々としてつながる人類各世代の実存と再生産のために不可欠な土地の自覚的な合理的取扱いのかわりに、地力の搾取と浪費とがあらわれる(6)」ことになる。なぜなら、そもそも「自然にたいしてはじめから所有者として対し、この自然を人間の所有物として取り扱う」のが、ブルジョワ的な自然把握だからである。

実際、リービヒが人間と土地との物質代謝過程の「無機質論」的把握から「地力補充の法則」を展開し、それを基礎として批判の対象とした現実の西ヨーロッパ農業——とりわけイギリス農業——は、さまざまな機械的・化学的改良によって「経済的肥沃度」をたかめ、あるいはグアノ肥料や人造窒素肥料等によって収穫を増大せしめることに専念していたし、リービヒ攻撃の急先鋒であったローズおよびギルバート両氏は、借地農業者の行なった排水工事その他の永続的改良 permanent improvement や、グアノとか油かす等の購入肥料・飼料による一時的改良 temporary improvement の「残された価値」unexhausted value に対する評価に熱意をもやしていた(7)。いわゆる「テナント・ライト tenant right の補償(8)」というのはそのことであるが、それは、土地の自然力(=本来の土壌成分、および、資本の元本と利子の償却後に「土地の不可分離な偶有性に帰属(9)」したものとして残された改良——その結果としての自然力)の消耗を無視して価値のみを計算する方式にほかならなかった。

もちろん、「富の源泉」であり、地価という交換価値の担い手である土地の使用価値(=土地の自然力(10))の減少に地主たちが目をつむっていたわけではない。リービヒが指摘するように、とりわけ大土地所有者たちは、化学の成果を応用し、借地契約を通じて地力維持のためのさまざまな条項を借地農業者に実行せしめようとした(11)。しかし、それすらも徐々に——とりわけ十九世紀末の「農業大不況」の克服過程において——資本によって制限されていくのであって、地主たちもまた、当面の利益――すなわち土地の現有権者の地代収入の増大――のために、土地の「資本価値」――すなわち将来権者たちの利益にかかわる土地そのもの――を犠牲にすることもやむをえないものとしたのであった(12)。そしてそのような過程を通じて、農業関係の経済学者たちのいうところによれば、「リービヒの時代」が終るとき――すなわち十九世紀末――に、農業経済学はゴルツ Goltz やハワード W. H. Howard、ポール J. Pohl 等とともに「復活」する(13)。それというのも、それ自体が経済的な現象である「農業大不況」は経済的に克服されるほかはなかったし、そのためには、のちにポーランドの経済学者アウ Au によって明言されるように、「掠奪農業すら経済的には相対的合理性をもつ(14)」ことが公然と承認されざるをえなかったからである。

ところで、人間と自然との物質代謝そのものが商品形態をもって行なわれるというところに資本制生産の基本的特徴があるというならば、その基礎をなす「都市と農村との分離」は、「人間と土地との間の物質代謝を……攪乱する」第一の要因であるばかりか、ひいては「都市労働者の肉体的健康と農業労働者の精神生活を破壊する」ことになる(15)。

それゆえ、エンゲルスは、「都市と農村との対立を廃止することがユートピアなのではない……この対立の廃止は、工業生産にとっても農業生産にとっても、日ごとにますます実際的な要求になっている」といい、「リービヒ……ほどに声高くこのことを要求したものは誰もいない。そこでは、人間が畑から受け取ったものは畑に返すということがつねに彼の第一要求になっており、また都市、ことに大都市の存在だけがこれを妨げていることが証明されている。ここロンドンだけでも、ザクセン王国全体がつくり出すよりももっと大量の糞尿が、毎日莫大な費用をかけて海に流されている……[16]」というように指摘するのであった。

実際、リービヒが計算したところによれば、ロンドンの水洗便所や下水等が日ごとに海に流す肥料分は、うちわに見積っても厩肥二六五〇トン、グアノ六五三トンに相当し、イギリス(ブリテン)全土では年間二〇〇万ツェントネル(約九万トン)の窒素が失われ、グアノの輸入、その他肥料の購入をもってしてもその三分の一も補充されない状態なのであった[17]。

それゆえ彼は、農産物の商品化と大都市の「下水化」Canalisation による「植物栄養素の大量の流失」を憂慮し、「いかに豊かで土地の肥沃な国であっても、商業の繁栄のもとで数世紀にわたり穀物や家畜等を輸出し続けるならば、同じ商業をもって、土地から奪い去られた養分を肥料の形で補充しないかぎり、その肥沃度は維持しえない[18]」というと同時に、ロンドン市長に直接手紙をかいて、ロンドンの下水化＝自然の循環の破壊を科学的に批判し、注意を喚起するのであった[19]。

リービヒによれば、「近代国民すべての慣習上、墓地に貯えられてしまう」人間の骨＝「燐酸塩の不可避的損失」はやむをえないとしても、人間や動物が摂取した植物栄養素の「すべての成分」を、しかも摂取した灰分や窒素等の量とほぼ同量のそれらを含む人間および家畜の糞尿を、麦わらその他とともにもとの土地にもどすならば、同じ量の農産物の収穫が永続的に維持(20)できるだけでなく、実際、中国人や日本人は、人間と自然との物質代謝＝「生活諸条件の循環」という問題をそのような形で「解決」し、「三〇〇〇年間も地力を維持」してきたといえるのであった(21)。ところがヨーロッパの「国民経済学者」Nationalökonomen――とりわけアダム・スミスを除くかれ以後の経済学者たち――は、リービヒによれば、農業人口の削減(＝農業の改良・農工分離)と地力の収奪とをもって国民経済を発展せしめようとしているのであった(22)。したがって、イギリスの資本制農業やロンドンの「下水化」を批判し、ローズおよびギルバートを批判するリービヒは、ひるがえって、ドイツの工業化のために農業の改良を推進せしめようとする国民経済学者たちや「経験的・実際的農業者」および近視眼的地主たちに共通している考え方――すなわち、ひとことでいえばイギリス的近代農業＝「洗練された掠奪農業」の導入――を批判することになるのであった(23)。

それは要するに、農業そのものを人間と土地との間の物質代謝過程として把握するリービヒの「無機質論」が、論争と実験を通じて行なわれた現実とのかかわり合いのなかで、土地――その自然力――は人類全体の財産であるという視点を獲得したとき、いわばその必然的な結論として展開することになった資本主義的農業の消極的側面に対する自然科学的批判であったといえる。

そして、「資本制農業の……進歩」は「土地から掠奪する技術の進歩」であり、「人間と土地との間の物質代謝、すなわち、食料および衣料の形態で消費された土壌諸成分の土地への復帰を、かくして土地の肥沃性の持続の永遠的な自然条件を攪乱」するというマルクスの表現が、リービヒの思想に完全に一致するものであるというならば、「資本制生産は……いっさいの富の源泉を、土地をも労働者をも破壊することによってのみ、社会的生産過程の技術と結合とを発展させる」という、マルクスに一貫している考え方は、そこから発展せしめられたものといえるであろう(24)。

それゆえ、一方ではリービヒの「無機質論」を「土壌肥沃度漸減」論として特徴づけ、しかもそれはマルクス(およびレーニン)によって「完膚なきまでに批判」されたものとしながら、他方では、「地球化学的循環」と「生物的循環」とを「有生自然と無生自然とのたえまない相互作用」として把握する「科学思想」を、「ヴィーリアムスによってはじめて提起された」ものとみなして、完全にリービヒを無視してしまうような議論(25)は、根拠に乏しい拙論といわねばならない。

公害や自然破壊の深刻化とともに、人びとはいま「有機農業」を再認識し、エコロジーに再び関心をよせている。第二次大戦中における食糧増産その他による牧草地の開墾や輪栽式農業（すなわちヨーロッパ的「有機農業」）破壊に対する反省がエコロジーの発展となったとすれば、「フムス論」的有機農業論も、それ自体資本主義批判のあらわれであるにはちがいない。しかし、公害等の本質的批判のためには、リービヒを引用しつつマルクスが、平均労働時間を一〇時間に制限したイギリスの工場法（一八五〇年法）をグアノ肥料にたとえた(26)ことを思い出してみる必要があるであろう。

(1)『資本論』第一巻第五章（『全集』第二三巻第一分冊、二四二頁）。
(2) 同上、二四四〜二四五頁。
(3) 同上、二四三頁。なお、本書、一二五〜一二七頁、参照。
(4)『資本論』第三巻第四四章（『全集』第二五巻第二分冊、九五八頁）。
(5) 同上、八三四頁。
(6) 同上、一〇四〇〜一〇四一頁。
(7) Lawes and Gilbert, "On the Valuation of Unexhausted Manures" (*J.R.A.S.*, vol. 46, 1885); do: The Royal Commission on Agricultural Depression and the Valuation of Unexhausted Manures (*J.R.A.S.*, vol. 58, 1897), etc.
(8) この点詳しくは、拙著『近代的土地所有——その歴史と理論』参照。
(9)『資本論』第三巻第三七章（『全集』第二五巻第二分冊、八〇〇頁）。
(10) いうまでもなく、敷地としての土地は生きている土地ではなく死んだ土地であり、その使用価値は単に場所＝地面にあって生きている自然力にはない。
(11) たとえば Letters on Modern Agriculture, xii–xix をみよ。なおそのような点の詳細については、拙著『イギリス産業革命期の農業構造』第四章第三節、参照。
(12) 拙著『近代的土地所有』参照。なお、度重なる「借地法」Agricultural Holdings Acts の改正は、やがて二十世紀に入ると「土地本来の能力」the inherent capacity of soils の維持とか特定輪作の実施に関する条項をも削除してしまう。

(13)　たとえば Nōu, *op. cit.*, pp. 154–155, 494–503 を参照。

(14)　*Ibid.*, pp. 308–309, 318–319.

(15)　『資本論』第一巻第一二章第四節「マニュファクチュア内の分業と社会内の分業」(『全集』第二三巻第一分冊、四六二～四六三頁)および第一三章「機械と大工業」(同上、六五六～六五七頁)。

(16)　「住宅問題」第三篇(『全集』第一八巻、二七七～二七八頁)。なお、ここでエンゲルスが「人間の解放は都市と農村の対立が廃止されてはじめて完全となる」といっている点に注目せよ。

(17)　*Chemie* (9 Aufl.), Einleitung, SS. 96–97 ; *Familiar Letters*, Letters XI–XIV ; *Über Theorie und Praxis*, SS. 8–9.　なお、本書一九頁の(注)を参照。

(18)　*Familiar Letters*, Letter XI.

(19)　"Letter on the Subject of the Utilization of the Metropolitan Sewage addressed to the Lord Mayor of London" (1865).

(20)　この点はリービヒがくりかえしのべるところであるが、さし当り *Chemie* (9 Aufl.), SS. 151–155, 185–186 を参照。

(21)　*Letters on Modern Agriculture*, pp. 243–249, 268–271 ; *Natural Laws*, Editor's Preface.

(22)　*Chemie* (9 Aufl.), Einleitung, "Die Nationalökonomie und die Landwirtschft". なお、F. List, "Liebigs System der Agricultur-Chemie" (*Zollvereinsblatt*, April 1843) 参照。

(23)　もっとも、リービヒが農業の発展それ自体を批判するのでないことはいうまでもない。農産物の販売＝都市の下水化によって失われる土壌成分を、「人造肥料の併用」によって補充しつつ、可能なかぎり土地から奪った成分を土地にもどすことを主張するのである。したがってまた、「一つの束縛」である「作物交替の代りに適当な肥料交替をおきかえ」、「輪作の廃止」と「厩肥からの解放」をもって「農業の完全な革命」を達成しうるとした（*Grundsätze der Agrikulturchemie*, 1855, SS. 35-36；*Über Theorie und Praxis*, S. 59）のも、「有機農業」すなわち有機肥料の物理的性質を無視したのではなく、植物栄養素の完全な補充という観点から、農業の発展方向を示唆したものにほかならない。

(24) 以上の点については『資本論』第一巻第一三章「機械と大工業」のところ（『全集』第二三巻第一分冊、三八五～三八六頁）のほか、地代論の最後のところ、その他を参照。

(25) たとえばゲラシーモフ、グラゾフスカヤ、上掲書、上巻三五〇～三五一頁、下巻三一四～三一六頁、参照。

(26) 「工場労働の制限は、イギリスの耕地にグワノ肥料を注がせたのと同じ必然性の命ずるところだった。一方の場合には土地を疲弊させたその同じ盲目的な掠奪欲が、他方では国民の生命力の根源を侵してしまった」（『全集』第二三巻第一分冊、三一〇～三一一頁）。

〔補論I〕 モレショットの物質代謝概念について

シュミット Alfred Schmidt は『マルクスの自然概念』のなかで、「人間と自然との物質代謝」というマルクスの概念がモレショット Jacob Moleschott の影響によるものであるかのようにのべている(1)。しかし、そのような見方は二重の意味で間違っている。

まず第一に、マルクスおよびエンゲルスは、モレショットの「物質代謝概念」についてはほとんどまったくふれていないばかりか、彼の名を引合いに出しているときでも、その見解を批判の対象としているだけで、まったく評価してはいない(2)。

第二に、シュミットが依存しているモレショットの『生命の循環』*Der Kreislauf des Lebens*(1852)を一読すればただちに明らかになるように、モレショット自身は、ユトレヒト大学(オランダ)のムルダー **Mulder** の影響を受けた「フムス説」の信奉者であり、その説は、旧来の学説に新しい装いをこらして、リービヒにおける人間と自然との物質代謝に関する思想と科学を批判しようと試みたものにすぎない。

本論でのべたような、マルクスの自然思想に対するリービヒの科学の影響を見落しているシュミットが、「マルクスもその見解に影響をうけぬでもなかった化学者リービヒ(3)」というように、リービヒの役割を過小評価することになったのは当然としても、リービヒによってはもちろん、マルクスによってもまったく評価されなかったモレショットの理論を、「マルクスが……利用した(4)」というにいたっては、言語同断というほかはない。

上述のモレショットの著書『生命の循環』は、「リービヒの『化学書簡』への生理学的回答」という副題がつけられているように、生理学者として自負する彼が、手紙の形で書かれたリービヒの著書を、同じく手紙の形で批判したものである。それはもともと、ハールレムの「テイラー協会」Teyler's Gesellschaft が、オランダの伝統的「有機農業」擁護の目的をもって公募した懸賞論文「リービヒ教授の植物栄養・育成の理論に対する批判的考察」のためにかかれ、金賞を授与された(一八四四年)ものである(5)。

同論文をおくられたリービヒは、モレショットへの礼状のなかで、「穀物をカラからふるい分けるためには」――つまり真実の究明のためには――「批判で傷つけられることもやむをえない」とのべただけで、「ユストゥース・リービヒに与う」という序文をつけて、それが『生命の循環』として公刊された(一八五二年)ときにも、また、その前、『物質代謝の生理学』が出た(一八五〇年)おりにも、内容については、リービヒは一言もふれなかった(6)。

彼が、オランダにおけるモレショットとムルダーの影響力の大きいことを知り、反批判にふみ切ったのは、『化学書簡』第四版(一八五九年)と『化学』第七版(一八六二年)においてであり、その中で、リービヒの意見の変更を非難するムルダーに対しては、「化学は死にものぐるいで急速の進歩をとげつつあり、それを追いかける化学者もいわば羽の生えがわり Mauserung (*deplumatio*, la mue) の時期にさしかかっており、古い羽のかわりに新しい羽が生えなければよりよくとべるようにはならない」というとともに、モレショットに対しては、「自然法則の理解においては子供」で、いわば「自然科学の領域に入りこんだ迷い子」という酷評をもって、化学の基礎概念に関する彼の「完全な無知」を指摘するのであった(7)。

リービヒに対する「素朴唯物論者」的毒舌と、ディレッタント的冗舌の中から、モレショット

の「物質循環」論を要約すれば、それは次の二点につきる。すなわち、

(1) 「リービヒは、ムルダー、ジョンストン、フォン・ゾウバイラン von Soubeiran、マラグーティ Malaguti その他の正しい学説——すなわち腐植 Dammerde もまたその有機成分によって有益であるという学説——をほうむり去ったと考えちがいをした」が、ムルダーやヴィークマン Wiegmann の研究で明かなように、「炭酸もアンモニア塩も腐植酸 Dammsäure の作用にとってかわることはできない」し、「有機酸(=腐植酸)のアンモニア塩が植物に移行する[8]」。

(2) 「腐植酸アンモニア Dammsäures Ammoniak は小麦や豆の重要な栄養素であり……容易に蛋白や窒素・炭素・水素・酸素等の高次有機化合物に転化しうる」ものであって、それが「植物の生命の原動力となる」。「生命とはすなわち物質代謝のこと」であり、人間の「死すらも物質循環の不滅性 Unsterblichkeit des Kreislaufs des Stoffs 以外のなにものでもない」のだから、植物の生命の原動力はすなわち動物——動物としての人間——の生命の源である[9]。

かくてモレショットによれば、「リービヒは、われわれの心臓の(成分たる)炭素や脳の中の窒素が、かつてはエジプト人か黒人のものだったかもしれないということを発見して不思議がっているが、それは陳腐といわないまでも、私にとっては月並みなことでしかない。なぜなら、そのような輪廻 diese Seelenwanderung は物質循環の必然的結果みたいなものだからである。不可思議なのはむしろ、形態変化を通じての物質の永遠性……地上の生命の基盤としての物質代謝に

ある[10]」、ということになる。

リービヒに対し、「あなたは生理学者ではなく、私は化学者ではない」といってはばからないモレショットに、物質代謝の化学的過程(=化学的「形態変化」)の説明を要求してみてもはじまらないが、自信にみちた生理学者として彼が「月並みなこと」とした「輪廻」なるものは、リービヒがやったような「カリの循環」とか「窒素の循環」などではなく、植物栄養素とは腐植酸アンモニアのことであり、したがってそれが「人間の滋養豊富な食物のための栄養素である[11]」というにすぎない。つまり、ゲーテが問題にしたドイツ人の舌の重いこと Gebundheit der Zunge とあぶらっこい食べものとの関係も、モレショットにかかれば物質代謝で説明がつく——すなわち、脂肪の多い食物の分解には多くの酸素を必要とするから、「肺の大きさが一定なら」物質代謝は緩慢となり、したがって「口や舌の動きがにぶくなる[12]」(!!)——というものであるが、同じようにして、人間と自然の物質代謝そのものも、彼にとっては、土(フムス)から生れて土にかえるというほどの「月並み」な「物質の永遠性」で片がつく。

カリ塩が植物の生育に有益であるのは、カリのせいではなくてそれと結合している有機酸=腐植酸のせいであるというぐあいに、ミネラル栄養素を完全に無視する徹底した「フムス論」者[13]、「腐植酸アンモニア」なるものだけを強調するたぐいの「窒素説」の主張者、そのようなものとしてリービヒに対立的であるにすぎないモレショットの見解にマルクスがまどわされなかったとすれば、発想においては観念的、論証においては極めて即物的な彼の「輪廻」論をマルクスが評価しなかったことも、至極当然であった。まして、「最も簡単なカテゴリーのあいだで動きがとれなくなっている(14)」にもかかわらず、リービヒ批判として大みえきって展開されるモレショットの唯物論や社会主義についてのおしゃべりを、マルクスやエンゲルスが問題にもしなかったことは、いうまでもない。

(1) アルフレート・シュミット『マルクスの自然概念』(元浜清海訳、法政大学出版局)八七〜九〇頁、参照。
なお、Moleschott はオランダ人であるからモレスホットとするのが適当かともおもわれるが、ここでは従来の読み方にしたがってモレショットということにしておく。
(2) たとえば『マルクス・エンゲルス全集』(大月版)第二九巻、二三四頁、二八九頁、四一七頁、第三四巻、一三八頁、第一三巻、四七五頁等を参照。
(3) シュミット、上掲書、二五二頁、注二九。傍点引用者。
(4) 同上、八八頁。
(5) Jac. Moleschott, *Der Kreislauf des Lebens, Physiologische Antworten auf Liebig's Chemische Briefe*, 4 Aufl., 1863, SS. 537–556.
(6) *Ibid.*, SS. 537–539.
(7) Liebig, *Chemie*, 9 Aufl., SS. 6–7; "Einleitung", SS. 15–16; *Chemische Briefe* (4 Aufl.), SS. 361-373 (23. Brief). なお、ここでリービヒが、モレショットを名指してはいないが「自然哲学的生理学」

或いは「唯物論」的「ディレッタント」の「意識は脳の物質代謝の産物」という所説を批判し、「脳それ自体はどのような思想ももたない」といっている点は注目すべきところである。

(8) Moleschott, *a.a.O.*, SS. 74–80.

(9) 以上の点については、*Ibid.*, 85–87 参照。

(10) *Ibid.*, SS. 86–87.

(11) *Ibid.*, S. 86. なお Briefe IV〜V, VIII 参照。

(12) *Ibid.*, SS. 299–300.

(13) モレショットが、リービヒの時代において依然として「熱烈なフムス説の信奉者ムルダー」(J. Conrad, *Liebig's Ansicht von der Bodenerschöpfung*, 1864, SS. 3–4) の支持者であってみれば、それは当然といえる。したがって、たとえば人骨の埋葬による農地からの燐の損失についてのリービヒの指摘等に対しても、モレショットはこれを嘲笑するにすぎない――Moleschott, *a.a.O.*, SS. 481–483.

(14) エンゲルス「カール・マルクス『経済学批判』」(『全集』第一三巻、四七五頁)。

ついでながら、シュミットは、マルクスが「ときとしていくらか思い切ったやり方で、社会的過程の必然性を自然関係をモデルとして説明することを好む」(上掲書、八七頁)という指摘を行なっている。「その最良の例」がマルクスの「物質代謝概念そのものである」かどうかには大いに疑問があるが、たとえばマルクスが、一八七〇〜一八八〇年間におけるロシアの穀物生産高の変動を――輪作とか施肥とかの「農業家自身(の)介入」を無視して――もっぱら土壌中の鉱物質の「消耗と遊離」による豊凶の「循環」というように説明している(マルクスのダニエルソンあての手紙、一八八一年二月十九日)のは、いささか「思い切ったやり方」というべきではあろう。

〔補論II〕 玉野井芳郎氏のダヴィッド的・ポラニー的物質代謝論について

最近の論文「エコノミーとエコロジー」のなかで、玉野井芳郎氏は、「資本主義という市場経済の体制を商品形態の自立的システムとして描きだした」マルクスが、その「経済システム」――「人間の自立的な自己維持または自己生産」――が「実は人間と自然との物質代謝を基礎として行なわれるものだということを……すでに……洞察していた(1)」とのべながら、氏の独特のディコトミー(Dichotomie)によって、結局はマルクスの労働過程論およびそれを基礎として展開される資本制生産過程論に消極的な評価を下している。

同氏はまず、「土地」とは何かを問題にし、労働過程論におけるマルクスの「土地そのものは一つの労働手段である」という規定と、氏の「生態系(エコ・システム)の世界」の中に位置づけられる「土壌環境」=「表層土壌または表土(2)」という規定とを対置する。そして後者は、「マルクスの眼に映じたような〈母なる大地〉ではない」し、また「人間の〈労働手段の本源的武器庫〉でもない」といい、さらにダヴィッドに依拠しつつ、「生きた自然」である土地や種子をマルクスは「工業生産を前提にした規定」である労働手段や原料(労働対象?)に含めてしまっているという(3)。だから氏によれば、せっかく「生産と消費の過程を、人間と自然との物質代謝の基礎上にとらえることを示唆したマルクスですら、……生産力の概念を構成するにあたっては、労働エネルギーの単位支出量当りの産出高……であらわそうとし」たりすることになった(4)というのである。

リービヒの物質代謝論にもとづいて展開されたマルクスの労働過程論を、同じくリービヒの「〈補償の原理〉を背景にはじめて具体化された」農業と工業との「本質的差異」に関する「ダヴィッドの定式」によって批判するという玉野井氏の論法は注目に値するが、そのマルクス批判そのものがまとを射ているかどうかということになると、否定的結論しかでてこないように思われる。

人間と自然との物質代謝に関するマルクスの概念については、本論でのべたのでくりかえさないが、自然的・類的(社会的)・意識的存在としての人間と対象たる自然とのかかわり合いに関するマルクス物質代謝論を、「生態系の世界」にひきもどし、生産過程——資本主義的「経済システム」のもとでは、それは資本の生産過程としてあらわれ、したがってマルクスにおいては、それは玉野井氏のいうように「第一に人間の自立的な自己維持または自己生産としてとらえ」られたりはしない——を労働過程と同一視してしまったのでは、それ自体「自然力」である労働力および土地の商品化のマルクス経済学的意味が見失われるであろうし、そもそも彼の自然概念そのものがあいまいなものになってしまうであろう。そればかりではない。これまた本論にのべたところであるが、マルクスの物質代謝論を人と土地との物質循環の面だけに限定してみたばあいでも——或いはむしろ、そのばあいにこそ——、土壌や種子等は工業上の労働手段や原料と同一視されるのではなくて、まさに逆に「農業と工業との本質的差異」が強調されることになるということを見おとすわけにはいかないであろう。

資本制生産過程としては氏の指摘のとおり、「マルクスの規定では工業と農業との生産過程は本質的に同一のもの(5)」である。しかし労働過程＝人間と土地との物質代謝の基礎的過程としての農業は、マルクスにおいては工業や鉱業と明確に区別される。たとえばマルクスはつぎのようにいう——

「農業では、土地そのものが生産用具として作用するので、逐次的投資を生産的に行なうことができる(6)」。なぜなら「土地は、正しく取扱えば、絶えず良くなってゆく(7)」し、「土地に合体された資本」はその土地に、「別の土地が天然にもっている性質を与える(8)」からである。ところが「工場のばあいには……土地はただ基礎として、場所として、場所的な作業基礎として機能するだけ」であるから、そのようなことは「ない……し、あるとしてもただ非常に狭い限界内でのこと」にすぎない。また、「機械などに投下された固定資本は、その使用によって良くはならないで、かえって損耗する」。「機械はただわるくなるばかりである(9)」。

ポドリンスキーの「社会主義と物理的エネルギーの単位」という論文(一八八一年)をめぐって、

エンゲルスも同じようなことをのべている。すなわち、

「労働によるエネルギーの貯蔵は、本来はただ耕作においてだけ行なわれる。牧畜においては、大体において、植物のなかに貯蔵されたエネルギーがただ動物のなかに移されるだけ」である。他方「工業部門においては、エネルギーはただ支出されるだけ[10]」である。

ただし、マルクス(およびエンゲルス)にあっては、「労働の生産性」は単に「自然の賜物ではなく、幾十万年にもわたる歴史の賜物[11]」である以上、そしてまた、とくに資本主義的生産においては、地力とか労働力をはじめとする自然の諸力は「資本の生産力として現われ」、「富の最大の源泉」としての自然の使用価値増殖過程は「価値増殖過程」として——そしてその結果は資本家的・近代地主的富として——現われる以上、玉野井氏のように「物質の状態量に眼を向けて」「生産力の概念を構成する」などという「広義の経済学」は、「市場経済の枠を乗りこえ[12]」る経済学批判の体系となるどころか、それ自体が批判の対象となるものでしかなかったであろう。なぜなら、本文でのべたように、「人間があらゆる労働手段と労働対象との第一の源泉たる自然にたいして、はじめから所有者として対し、この自然を人間の所有物として取り扱う」ような「ブルジョワ的な」しくみを批判的に明らかにしようとするマルクスにとっては、頭の中で「市場経済の枠を乗りこえ」ることではなくて、資本制生産の商品経済的しくみを理解することが不可欠であり、そして労働過程論こそは、人間と自然との物質代謝そのものが商品形態をもって行

なわれる資本主義的生産関係批判の視角を与えるものであったといってよいからである。

いずれにしても、ダヴィッドや玉野井氏のように、「〈労働過程〉の規定は……工業生産を前提にした規定であり……自然の生命系の律動を根底のひとつにおいた規定ではない(13)」といってマルクスを批判し、「土地はけっして人間の活動の道具としてのみ機能するものではない」とのべてマルクスの根本的誤りを指摘したつもりになるとすれば、ほかならぬマルクスのつぎのような言葉はどのように理解されるのであろうか。

大工業と、工業的に経営される大農業とは、いっしょに作用する。元来この二つのものを分け隔てているものは、前者はより多くの労働力を、したがってまた人間の自然力を荒廃させ破滅させるが、後者はより多く直接に土地の自然力を荒廃させ破滅させるということだとすれば、その後の進展の途上では両者は互いに手を握り合うのである。なぜならば、農村でも工業的体制が労働者を無力にすると同時に、工業や商業はまた農業に土地を疲弊させる手段を供給するからである(14)(傍点引用者)。

もちろん、このようなマルクスの把握に対しても、生態学が欠けているというようにいうことは可能であろう。しかし、そのような指摘がいくらかでも意味をもちうるためには、エコロジーをとりこんだ「広義のエコノミー」が、いかにしてマルクスの経済学を「時代おくれ」にするのかが理論的に明らかにされなければならないし、また、そのばあいのエコロジーは、少なくとも自然をただ人間にとっての「環境」としてだけ把握するようなものであってはならないであろう。それればかりではない。そもそも今日、エコロジーがにわかに脚光をあびて登場してきた理由を考えるならば、右のようなマルクスの叙述以来、資本主義の現実は基本的に変っておらず、K・ポラニーのいうような意味での「大転換(15)」などは起こらなかったとみなければならないであろう。また、そうでなければ、玉野井氏が新しい「広義の経済学」を主張する意味もなくなってしまうのではなかろうか。

ダヴィッドによってマルクス——とくにその労働過程論——を批判することが当をえていないのと同様、ポラニーによってマルクスの歴史(的現実)把握を誤りとするのも、まとを射たものとはいいがたい。

ポラニーのいうように、なるほど一八四七年の工場法(一〇時間労働法)は、ある面では「もの分りのよい反動家たちの作品(16)」であったかもしれないし、ほぼ同じころ地主階級は「土地と耕作者の美点の弁護者に転身(17)」したといってもよいかもしれない。しかしそれらは、「『自然』は『過去』と同盟を結んだ(18)」ということを意味するものではない。マルクス流にいえば、それは、資本家が「人間の自然力」＝労働力の維持に関心をもたなかったのと同様、「土地の自然力」＝地力の維持を地主階級が真底から望んだからではなくて、「泥棒同士がケンカをすれば何かよいことが起こる」のたとえ通りのことが起ったにすぎず(19)、地主階級だけに限っていうならば、彼らが自然そのものではなくて、地代(資本制地代)の源泉[20]としての土地の経済的肥沃度の維持ないし人工的増大を願ったからでしかない。ポラニー自身の表現をかりれば、むしろ「失った特権のいくぶんかをとり戻す[21]」ためにすぎなかった。それというのも、イギリスのような資本主義国では、「工場の企業家と労働者とが……棉花や羊毛に結びつけられていないのと同様……借地農や……農業労働者は彼らの耕作の価格、貨幣収入にたいしてだけ愛着を感じ[22]」たし、同様にして、「地代は……地主を土地から、自然から、ひき離してしまった[22]」というのが実情だったからである。

もっとも、「大転換」の起こったのはいわゆる「集産主義」Collectivism の時代[23](一八七〇年代以後)になってからであるというとすれば、マルクスの死後にあらわれた「ベンサム主義」的自由を制限するようなさまざまな歴史的事実をあげることができる。それどころか、上述のダヴィッドの『社会主義と農業』の増補改訂版(一九二二年)の出たころのソヴィエトでは、工業と農業とを「一つの有機的全一体」とするような「農工結合体[24]」が、少なくとも、「工場に荷馬車で原料を届ける生産者たる農民が、家畜の飼料のために、そして耕地への施肥のために、生産のすべての廃棄物を工場から自らの経営へもちかえる[25]」ようなものとして構想されていた。

そのような構想が、「生産の排泄物」および「消費の排泄物」の利用[26]について述べるマルクスの物質代謝論に影響されていたであろうことは、想像にかたくないし、また、マルクスのそのような観点が、リービヒに影響されたものであったことも、同じ個所におけるマルクスのつぎのような叙述が明瞭にものがたっている――

消費の排泄物は農業にとって最も重要である。その使用に関しては、資本主義経済では莫大な浪費が行なわれる。たとえばロンドンでは、四五〇万人の糞尿を処理するのに資本主義経済は巨額の費用をかけてテムズ河をよごすためにそれを使うよりもましなことはできないのである(27)。

その後たしかにテームズ河は魚のすめる程度にはきれいになった。「消費の排泄物」や「生産の排泄物」(=工業廃棄物)の処理に関する法律的規制が強化され、巨額の費用をかけて処理施設がつくられたからである。しかし、経済的しくみが基本的に変っていない以上、公害の危険は依然としてどこにでもあるし、人びとの肉体と精神をむしばむ自然の破壊・汚染は、つねに起こりうる。「都市と農村との対立の廃止」はいうにおよばず、「人間が畑から受け取ったものは畑に返す」ということすらもいまもって容易に実現されそうにはない以上、それは避けがたいというほかない。

このようにみてくると、玉野井氏のもう一つのディコトミー――リカードウの自然観にA・スミスの自然観を対立せしめ、後者によって前者を批判するというやり方――も、実際にはあまり意味があるとはいえない。それはいわば、「フムス説」に「窒素説」を対立させるようなものであって、根本的批判たりえないばかりか、そもそもスミスのばあいといえども、氏が引用している通り、「自然の豊沃度を増す」ための方策として考えられているのは「家畜の増加と土地の改良」にすぎない(28)。「フムス説」的地力概念が支配的であった時代であってみれば、彼が「家畜の増加」なしには「土地の改良はほとんどまったくありえない」と考えたのは無理もないし、「栽培牧草、かぶ、にんじん、キャベツ等の利用(29)」をもって改良農業の最たるものとみなしたのも当然といえようが、それでも誤りは誤りである。

もっとも、リービヒが注目したように、「富の源泉……についてはほとんどまったく注意をはらわない」多くの「国民経済学者たち」とは異なって、A・スミスには地力を富の源泉とする視点があったし(30)、したがってまた、玉野井氏の指摘の通り、農業においては「あらゆる労働を加えたところで、その仕事の一大部分はつねに自然によってなしとげられるべきものとしてのこる(31)」という把握があった。しかし、それは同時に、スミスの「自然的地代(32)」natural rent概念につながってゆくのであって、地代を超過利潤としてではなく、「人間の所産とみなしうるあらゆるものを差し引き、またはそれをつぐなってなおそのあとに残るところの、自然の所産(33)」として把握するという理論的混乱と分かちがたく結びついていた。

それればかりではない。スミスの分業論のなかには、その重農主義的色あいのゆえに、農工間の——したがって都市と農村との——均衡のとれた分業関係を重視する観点が含まれているが、その均衡は商品経済的均衡にとどまっており、玉野井氏の指摘のような「物質循環」による「植物栄養の〈補償〉[34]」という観点は含まれていない。だからスミスは、「都市の利得は農村の損失だ、と考えてはならない。両者の利得は相互的であり互恵的である[35]」というときでも、農村の食糧および原料と都市の工業製品との商品交換関係についてのべるのである。そしてその限りでは、リカードウ――或は上述のコンラートやローズおよびギルバート――と大差はなかった。

リカードウ学派や資本家的農業者たちが要求したイギリスの農業法律が、一貫して「作付や農産物販売の自由」を拡大する方向に推進せしめられたにもかかわらず、地主的利益擁護の観点から、地力維持の条項がつねに加えられた[36]ことを想起すれば、日本の農政よりははるかにましなことが行なわれてきたといえるであろうが、それにしても、地代の観点からする地力維持は、しょせん経済的肥沃度の維持でしかなかった。リカードウによる私的土地所有の理論的批判にはじまり、ヘンリー・ジョージやウォーレス **A. R.** Wallace 等の急進的ブルジョワジーの土地国有論にいたる土地独占に対する攻撃が、さらにはマルクスや第一インターナショナルの社会主義的土地国有論が、本来誰のものでもない土地＝自然力の公有を主張[37]しているとき、地主たちといえども、みずからつくり出したものではない自然力を自分のものとして維持することを露骨に主張できない弱みがあったばかりか、そもそも彼らも自然そのものには関心がなかったからである。

ともあれ、人間と自然との物質代謝過程を本来あるべき姿で維持するということが、資本主義社会においてのみならず、いくつかの社会主義諸国においてすら容易に行ないえない状態にある以上、玉野井氏のような経済学批判（＝新しい経済学への要請）は或る意味では当然である。しかし、ダヴィッドやポラニー程度の自然認識と大差のないものとして生態学が経済学のなかにとりこまれるだけでは、経済学にとって、「地球に対する個々人の私有」が「ちょうど一人の人間の他の人間に対する私有のようにばかげたものとして現われる」ような「より高度の経済的社会構成体(38)」への展望がひらかれないのはもちろん、生態学にとっても、結局は農学がたどってきたような本質喪失の過程或いは自滅の道だけが残されることになってしまうであろう。

（1）玉野井芳郎「エコノミーとエコロジー」（『思想』一九七六年二月号）一〇一頁。
（2）同上、一〇五頁。ただし、「土地」を「動物の生活や植物の成育に直接に役立つ」耕土だけに限定することは、「人間と土地との物質代謝」に関するマルクス的概念を問題にするに当たってまず避けなければならない第一の点である――この点、森田桐郎・望月清司『社会認識と歴史理論』（講座マルクス経済学Ⅰ）第一章、参照。
（3）玉野井、上掲論文、一〇七〜一〇八頁、一一〇頁。
（4）同上、一〇三頁。
（5）同上、一〇七頁。
（6）『マルクス・エンゲルス全集』（大月版）第二五巻第二分冊、一〇〇一頁（「建築地代・鉱山地代・土地価格」の章)。
(7) 同上、一〇〇一〜一〇〇二頁。
(8) 同上、九五九頁(「最劣等地の差額地代」の末尾)。傍点引用者。
(9) 以上の引用は、同上、一〇〇一頁。
(10) エンゲルスのマルクスあての手紙、一八八二年十二月二十二日(『全集』第三五巻、一一一頁)。
(11) 『資本論』第一巻第一四章「絶対的および相対的剰余価値」(『全集』第二三巻第一分冊)。
(12) 玉野井、上掲論文、一〇三頁。
(13) 同上、一〇七頁。
(14) 『全集』第二五巻第二分冊、一〇四一〜一〇四二頁(地代論の最後のところ)。
(15) カール・ポラニー『大転換——市場社会の形成と崩壊』(吉沢・野口・長尾・杉村訳)。なお本書については、角山栄氏の書評(『社会経済史学』第四一巻三号)参照。
(16) 同上、二二七頁。
(17) 同上、二五三頁。
(18) もっともポラニーは「ロマン主義文学ふうにいえば」とことわってはいる(同上、二五三頁)。
(19) この点『資本論』第一巻第二三章、e「イギリスの農業プロレタリアート」(『全集』第二三巻第二分冊、八八一頁)参照。
なお、イギリスの工場法に関するマルクスの特徴づけについては、第八章第六節(『全集』三六五頁以下)を参照。
(20) もちろん、超過利潤(剰余価値)の源泉は投下労働であるが、使用価値(収量)の観点からすれば肥沃度(とりわけ肥沃度の差)が地代の源泉である。

(21) ポランニー、上掲書、二五三頁。
(22) マルクス『哲学の貧困』(『全集』第四巻)、一七七頁。
(23) 「集産主義」(或いは「団体主義」) の時代をいつとするかには問題があるが、ダイシーの時代区分では一八六五年からになっている (A. V. Dicey, *Lectures on the Relation between Law and Public Opinion in England during the Nineteenth Century*, 1905――清水金二郎訳・菊地勇夫監修『法律と世論』第七〜八章)。最近では、それを「自由放任主義」に対する「国家の干渉」一般に拡張することによって、混乱した論争が行なわれているが、しかし、資本の集中＝独占、労働者階級の団結、協同組合運動、土地国有論の展開等のコレクティヴィズム的諸特徴との関連でいえば、それは「大不況」期以降とみる方が適当であろう。
(24) 奥田央「ソビエト初期経済建設期における『農工結合体』理念の展開と消滅」(『社会科学研究』第二七巻第四号) 一三四〜一三五頁。
(25) 同上、一二六〜一二七頁。
(26) 『資本論』第三巻、第五章第四節 (『全集』第二五巻第一分冊、一二七頁以下)。
(27) 同上、一二七頁。
(28) 玉野井、上掲論文、一一〇〜一一一頁。ただし、この部分の大内・松川訳は正確ではなく、原文では「最も重要な農作業というのは、自然の豊沃度を増大せしめることではなくて……むしろそれを人間に最も有利な作物の生産へとふりむけるようにすること」(傍点引用者) となっている――『諸国民の富』(大内・松川訳、岩波文庫版(三)三九六頁、参照。
(29) 同上、二〇頁。
(30) 本書、第一章七を参照。

(31) 玉野井、上掲論文、一一〇頁。ただし訳は上掲『諸国民の富』(二)、三九六頁。
(32) 『諸国民の富』(二)、七〜八頁、その他。
(33) 同上、三九七頁(傍点引用者)。
(34) 玉野井、上掲論文、一一一頁。
(35) 『諸国民の富』(二)、四一九〜四二二頁。ただし訳は一部かえてある。
(36) この点、一八七五年以後の「借地法」Agric. Holdings Acts をみよ。
(37) このような点については、別の機会に改めて詳論する。
(38) 『資本論』第三巻、第四六章(『全集』第二五巻第二分冊、九九五頁)。

補論　マルクスの自然概念・再考

一　土地に合体された資本

「土地に合体された資本 Kapital in dem Boden einverleibt」（*Das Kapital*, Ⅲ, 632–633）というマルクスの概念には、いろいろな問題が潜んでいる。それは、『哲学の貧困』の中で“capital incorporé à la terre”或いは“térre capital”（土地資本）といわれていたもので、『資本論』の他の箇所では“térre”と同義の“Erde”を用い、「土地に固定された資本 Kapital in der Erde fixiert」とか、或いは端的に「土地資本」Erde-Kapital と表現されている（Ibid. 667–668）。マルクスの用語では、“Erde”（earth）は「大地」で、「農地」は“Grund und Boden”（或いは単に“Grund”か“Boden”）であるから、“Bodenkapital”を“Erde-Kapital”というのは、彼らしからぬ――プルードン的――表現といってよい（『哲学の貧困』のドイツ語訳では“Bodenkapital”〔英訳“land capital”〕になっている）。

それだけではない。「土地に合体された資本」概念そのものに、見過ごしえない問題点がある。

その第一は、マルクスが「土地に合体された資本」を「土地に合体された諸改良 Verbesserungen（ameliorations）」と言い換えるとき、改良の価値をめぐる「テナント・ライト」tenant right 補償問題を無視していることである。土地改良投資は、元本（および利子）の回収はもちろん、それ以上の増収を目的とする。回収見込みのない土地改良投資は、ありえないし、借地農の投下資本が回収されなければ、資本制農業は成立しない。仮に借地農の投下資本の一部が地主の手に渡ったとしても、それは地代（範疇）ではない。アイルランドの「テナント・ライト」法案をめぐる新聞紙上の論争（一八五三年）に注目したマルクスは、「テナント・ライト」補償――彼自身の表現では、「小作権 Recht der Pächter の保障」――問題に初めて言及し、「イギリス近代経済学者の理論、中間階級の科学に合致するもの」として評価した（拙著『近代的土地所有』一八二―一八三）。しかし他方では、借地農の土地改良を地主による借地料の引き上げに結びつけ、「イギリス大土地所有の強靭性の秘密」としている。「秘密」といっても、それは単なる推測で、裏付け資料も引用もない。それどころか、「土地に合体された資本の利子」が「本来の地代に上乗せされる」（大月版全集『資本論』Ⅲ-2、八〇〇）ものとしている。

リービッヒ的ともいえる資本主義農業批判を展開し、「工業的に営まれる大農業は……土地の自然力を荒廃・破滅させる」（同上、一〇四二）というときには、その主旨は――マルクス自身は知る由もなかったにしても――テナント・ライト補償立法に対抗して地主側から提出された「地力略奪 dilapidation 規制法案」と同じようなものになっている。つまり、「イギリス中間階級の科学」＝イギリス経済学に対する積極的評価と、「イギリス資本制農業の消極面」を明確にしたリービッヒの化学に対する高い評価とが、『資本論』の中に混在しているのである。

土地および農業の改良は、資本家と地主双方の収益の増大である一方、地力を収奪する技術の進歩という点においては、資本家と地主の利害は対立する。マルクスには、改良と収奪をめぐる対抗の図式が見えていない。また、後に改めて述べるが、マルクスが「労働過程論」において、人間と自然との物質代謝 Stoffwechsel を強調するときにも、人間の自然力と土地および動植物の自然諸力との関係にかかわるイギリス中産階級の科学の盲点には、立ち入った論究をしていない。

第二に、マルクスが「土地に合体された資本」を「土地に合体された諸改良」と言い換えるとき、改良の価値と使用価値――土地に関わる価値視点と使用価値視点――との相異が明確でない。したがってまた、それらをめぐる地主と借地農との関係把握に、いろいろな矛盾点が出てくる。

「土地の本体（実体 Substanz）の不可分の偶有性 Akzidens に帰属」する「諸改良」（*Das Kapital*, III, 799-800）といっても、イギリス法（Agricultural Holdings Acts）が規定するように、「一時的改良、持続的改良、永久的改良」の区別もあるし、テナント・ライト＝土地改良投資の残存価値補償が済んでも、残りうる残存使用価値は、別問題である。いわゆる「未分離耕作物」emblements に属する永年牧草や生け垣等、および、「土地定着物」fixtures に属する排水設備や物置小屋等々の問題もある。土地に合体され、自然力の一部として、資本回収後に残る改良の使用価値は、「土地資本」ではないし、「偶有性」でもない。地力そのものとして、土地の実体＝本体に帰属する。そして、地力の増大は、収穫量の増加と差額地代の増加につながる。近代イギリスで、一時的ないし持続的改良が借地農によって行われるのに対し、永続的改良が地主によって行われるのは、そのことに関連する。また、借地農側からの作付けの自由、厩堆肥等の販売・移転の自由要求と、地主側の地力略奪的農法規制要求との対立が、「地方の慣習」custom of the country に従うコモン・ロー上の「農業らしいやり方」husbandlike manner を定式化し、そしてさらに、制定法上の「良好耕作の準則」rules of good husbanry を生み出す。土地に依存し、多かれ少なかれ地力を消費する農業の持続可能性が、略奪 dilapidation と改良 improvement の中間に設定されるのである。

「改良地主」improvement landlord が土地改良投資を行うのは、利子取得が目的ではない。もちろん、投下資本は利子付きで回収されるが、目的は借地料の増大である。「高度集約農業」High Farming は、地主の土地改良投資と不可分であった。改良しなければ相対的劣等地化＝地代低下は避けられず、家産維持のためには、「継承不動産法」Settled Land Act を改正してでも改良投資をする必要があった。マルクスがいうように、「スコットランドに大土地を所有し、コンスタンティノープルで一生を送る」（『資本論』Ⅲ-2、七九六）わけにはいかなかった。

農業経営者＝資本家は、土地に投下した資本の保障 security of capital を要求するのであって、借地契約終了時に「残存価値」unexhausted value を無償で地主に引き渡しはしない。それどころか、使用価値の増加が借期限満了後に残るような持久的改良も、通常は行わない。「地方の慣習」custom of the country として、コモン・ロー上の権利に過ぎなかった「テナント・ライト補償」が制定法化されたのは、一九世紀後半における農産物価格の不安定化に伴い、短期——ことに一年限り——の定期借地が一般化したことに関連する。短期借地では、土地改良投資の回収が、当然、問題とならざるをえなかった。二一カ年の長期定期借地の場合には、最初の七年間に土地改良投資を行い、次の七年間に集約農業を実施し、最後の七年間で土地改良の効果＝増大せしめられた土地の偶有性を残さず回収するというのが、資本家的経営者の常識であった（C. S. Orwin, *A History of English Farming*）。その意味では、借地農の土地改良の残存価値の横取りが「イギリス大土地所有の強靱性の秘密」であったわけではない。

土地の所有権と用益権との分離が明確になっているイギリスでは、「あらゆる労働手段と労働対象の第一の源泉である自然に対して、初めから所有者として相対し、この自然を人間の所有物として取り扱う」のは、「ブルジョワ的」（マルクス「ゴータ綱領批判」）というよりは、どちらかといえば、むしろ地主的である。水力タービンや蒸気エンジンの所有者である資本家は、水や蒸気等の自然力そのものに所有者として相対するわけではない。水流が地主の所有に属する“private river”であれば、資本家は、契約に基づき、水力の用益権を取得するだけである。

さらに付け加えれば、イギリスの大土地所有の特徴ともいえる継承財産権設定地 settled land では、現有権者（当主）は地代 rental value の所有権者であって、土地 capital value の所有権者ではない。その限りでは、地主（当主）は限定所有権者 limited owner に過ぎない。

自然、とりわけ土地に対して、「初めから所有者として相対し、この自然を人間の所有物として取り扱う」のは、しいていえば、自作農的な云い方、自作農的意識というべきものである。「土地は全人類の共同財産」というマルクス的概念は、「より高度な経済的社会構成」の展望と不可分であり、その展望は、「自然を人間の所有物」とするブルジョワ社会の現実＝負の局面の否定として生まれたものである。それゆえ、「より高度な社会構成の立場からすれば、大地に対する個々人の私的所有は、ちょうど一人の人間の他の人間に対する私有のように、ばかげたものとして現れるであろう」というのは、未来社会の展望に関する単なる同義反復である。言い換えれば、「より高度な社会構成」とは、土地が全人類の共同財産であるような未来社会のことであって、歴史的現実とは関わりのない想像の産物、概念である。

近代社会の歴史的現実は、資本家的領有と私的土地所有である。労働者の労働が「資本を措定し、資本を生産する」賃労働――「疎外された労働」――であるのは、工場や機械（および原料）等が資本家の所有に属し、生産手段たる土地が地主に独占されているからである。その独占が近代的土地所有といわれる所以は、マルクスにおいては、地代が剰余価値の一形態であるからであるが、その私的土地所有は、半面において、独自の法制度を創り出し、資本家的領有に対し、逆にその本源的基礎要因としての役割を果たして来た。労働者に対する小菜園地 allotment や小土地保有 small holdings の割り当てが進められて来たイギリスでも、労働者の土地からの分離状態が本質的に変わらないのは、近代的土地所有の法制度、それに規定された社会意識の支配による。

「富の源泉は労働である」というのは、資本家的富＝剰余価値の生産に関する云い方としては、誤りではない。マルクス自身も、「ブルジョワ的富は交換価値の形で、つねに最高次に表現されている」（『経済学批判要綱』Ⅱ、二五二、*Grundresse*, 236–237）と言っている。このばあい、「交換価値」は価値と同義であり、「価値は労働」なのであるから、「ブルジョワ的富の源泉は労働である」ということになる。実際、リカードウに関する「抜粋ノート」の中では、「ブルジョワ的富……は交換価値である」（同Ⅳ、九〇四―九〇五）といっている。労働手段としての自然諸力が自然そのものとしてではなく、自然力を利用する機械等として資本の所有物となっている限りでは、労働が資本家的富の源泉である。農業においても、作物や家畜等の自然諸力が、改良された所有物として資本家に属している限りでは、労働が富の源泉と見なされる。つまり、資本主義社会の現実認識としては、ゴータ綱領の云い方は、誤りではない。

「土地に合体された諸改良」概念の第三の問題点は、土地の自然力と土地に依存する農作物や家畜および人間の生きている自然諸力との関係把握に関わる。マルクスが「土地に合体された資本」を「土地に合体された諸改良」と言い換えたとき、その「諸改良」とは、土地を改良し、農業生産性を向上させる具体的労働――当時のイギリス的用語では、「通常農作業」acts of husbandryとは区別される「改良農作業」acts of improvement――のことであった。さらに具体的にいえば、土地に合体されたのは、グアノであり、排水用の暗渠であって、資本ではない。それを資本といい、労働と言い換えるのは、機械を「資本に合体された近代科学」というのと同じニュアンスをもつ抽象的表現であるばかりか、改良の効果＝自然の働きを資本に帰するブルジョワ的な云い方である。

後に詳しく検討するが、マルクスのいう「人間と自然との物質代謝」は「人間と土地との物質代謝」に他ならず、しかも両者を媒介するのは人間自身の行為＝人間労働であって、生きている自然の働きではない。彼は云う――「人間と自然との物質代謝……、自然的・非有機的諸条件との統一、したがってまた自然の領有……こうしたことは説明を要することではない」のであって、「両者の分離こそが説明を要する問題」（『要綱』Ⅲ、四二三）なのである――。その立脚点は、初期マルクス以来、一貫して変わらない。農作物や家畜の生きている自然諸力は、有機的自然の創造力、人間と土地（非有機的自然）との物質代謝を媒介する主体の働きとしてではなく、「人間の腕の延長」＝労働手段および労働対象として、位置付けられる。自然力の領有、労働手段・労働対象としての利用が、「説明を要しない」自明の事がらとして、捨象されるのである。

人間による「自然の領有」は「説明を要することではない」といい、「両者の分離こそが説明を要する問題である」というのは、問題である。「自然の領有」は、超歴史的に考察すれば、普遍的事実でも、歴史的に見れば、近代的（ブルジョワ的）所有だけではなく、封建的（領主的）所有その他の先行諸形態があるし、未来社会に展望される共同所有もある。「分離」もまた同様である。「資本家的領有」とは、資本家による自然の領有、賃労働者の自然からの分離に他ならない。分離を問題にすることは、領有を問題にすることである。マルクス自身、そのことを、「資本の原始的（本源的）蓄積」、および、「資本家的借地農の創世記」と「産業資本家の創世記」で明らかにした。つまり、直接生産者からの生産手段の分離・収奪を資本制的領有の基礎として説明した。

とはいえ、資本主義社会における直接生産者＝賃労働者の生産手段からの分離には、二つの面――土地からの分離と工業的生産手段からの分離――がある。生産手段の非所有という意味では同じ「分離」でも、前者は、「脱農化」Entbauerung, depeasantization であるが、後者は「機械の奴隷」化である。労働の被自然制約性といっても、両者には、大きな違いがある。そもそも、資本家的領有＝剰余価値の取得が、搾取 exploitation（Ausbeutung）といわれ、「原蓄」＝農民からの土地収奪 expropriation とは区別されるのは、収奪が暴力的・経済外的強制であるのに対し、搾取は雇用契約に基づく生産関係――労働力を利用 ausbeuten, exploit する経済的強制――だからである。生産手段の所有（或いは自然の所有）は、生産者の自立および生産物領有の条件であるにしても、労働の必須条件ではない。自然や労働手段・労働対象が労働者の所有ではなくても、労働は可能であるし、そうでなければ、工場制工業も資本制（借地）農業もありえない。工場の所有者や所有形態が変わっても、工場内労働そのものも、労働手段・労働対象との関係も、基本的に変わらない。農業においても、生産者と土地との結合は、土地の私的所有だけではなく、共有、保有、契約借地等の諸形態があり、それぞれの土地所有形態に照応する生産物の所有形態がある。土地所有形態の相異にかかわらず、労働そのもの、および、労働手段・労働対象との関係――一言で云えば労働過程――は、基本的に変わらない。ただ、工業の場合とは異なり、農業労働は、生きている自然なしには、ありえない。

二　労働はすべての富の源泉ではない

「労働はすべての富の源泉ではない……労働力に超自然的創造力 übernatürliche Schöpfungskraft が備わっているかのようにいうのは、あらゆる労働手段と労働対象との第一の源泉たる自然に対して、初めから所有者として相対するブルジョワ的な云い方 bürgerliche Redensart である」と云うマルクスの「ゴータ綱領批判」は、彼自身に対する批判——彼の自己批判——でもあるように受け取れる。批判が手厳しくなったのは、彼が「ゴータ綱領」という鏡に映し出されたおのれの顔のゆがみを見たからではなかろうか（注）。

（注）「ゴータ綱領批判」の末尾には、次のように書いてある——
「私は云った、そして私の魂を救った」Dixi et salvavi animam meam.
その魂とは、当面の政治的利害——特定政党、特定階級の利益——を超えて人間解放を見据え、自然の解放をも視野に入れる高貴な魂であったはずである。ところが、「批判」では、ラサール派的政治路線の「反革命性」を問題にするだけではなく、「綱領草案」が掲げる「協同組合的労働」や「兄弟愛的結合」を退け、「あらゆる階級的支配の廃絶」に、「プロレタリアートの独裁 Diktatur」を対置しているのである。「ラサール主義の是認を別にしても、綱領草案には良いところはない」（「マルクスのブラッケ宛ての手紙」）というのは、裏を返せば、彼の行なった批判そのものが、科学的批判の域を超えた主観的判断を含むものであったことの表明とも受けとれる。ブラッケ宛ての別の手紙にあるように、批判が「楽しいことではなかった」というマルクスの述懐には、「草案」に見られる或る種の誤解が自分の著作に関連しているかもしれないという自己批判のニュアンスが含まれていたのではなかろうか。

「ゴータ綱領」の「ブルジョワ的な云い方」を批判したマルクスは、それまで、多くの箇所で、ブルジョワ的な云い方をしていた。資本主義の発展やイギリス国民経済学を積極的に評価する場合だけではなく、その消極面を批判するときにも、しばしば、ブルジョワ的な云い方をしていた。「資本主義社会の富は、膨大な商品の集積として現れる」……「商品の価値は労働である」……。『資本論』のこのコンテクストにおいては、労働が商品価値の実体であり、ブルジョワ的富の源泉である。「物象化」・「物神崇拝」論においても、それ自体価値ではない人間の自然力（＝労働力）の発現たる労働だけが価値とされるブルジョワ社会の「市場価値法則」の批判はなく、疎外された労働の対自然関係＝被自然制約性に関する突き詰めた論究もない。

　資本に合体され、資本の生産力となった（実質的に包摂された）賃労働者は、自己の労働力の再生産を「牛馬が喰うのと同じように」自己裁量にまかされるし、外見上は「機械の奴隷」のようでも、意識的には、機械体系に組み込まれた部品ではなく、「機械をその資本制的充用から実践的に区別」（『資本論』Ｉ／１、五六〇）し、機械体系の内にあって自然諸力を制御する労働主体である……そのような裏返しのコンテクストも見えてくる。資本による「労働力の陶冶・鍛冶」の必要性も、また、「陶冶・鍛冶」が、しばしば資本家の意図に反する結果――労働力の「変質・劣化」――をもたらすのも、その主体的意識に関わる。労働する主体が機械と資本を区別し得るということは、陶冶・鍛冶の仕組みの中の資本主義的・経済的強制と経済外的強制（「主従法」Master and Servant Law のような法律的強制や宗教的強制等）とを区別することが出来るということでもある。

「陶冶・鍛冶」は、資本のもとへの労働力の実質的包摂を可能ならしめ、資本主義社会の労働英雄、労働模範をも育成する。極言すれば、「労働それ自体が第一の生命欲求となる」こともあり得る。しかし他方では、資本の監督に服する工場内分業・協業の中から、変革の意識、労働者の連帯が生まれる。奴隷の反乱や機械打ち壊し、或いは「粗野な共産主義」的農民一揆とは異なる「大変な意識」ein enormes Bewußtsein（『要綱』Ⅲ、三九八―三九九）もまた、陶冶・鍛冶の結果である。

とすれば、資本家の意図に反する結果だけを歴史的必然というわけにはいかない。労働する主体の意識は、機械や機械の所有者の支配から相対的に自由であり得る。そうでなければ、資本の立場から見て「労働力の変質・劣化」であるものを、労働者の「解放」と見なす「大変な意識」＝意識変革はあり得ない。そしてその相対的自由は、基本的には、労働そのものの超歴史的性格――労働過程論の超歴史的展開の可能性――に基づく。ところがマルクスは、「資本家の許可がなければ、労働者は働くことも生きることも出来ない」（「ゴータ綱領批判」）という。資本主義生産様式内の労働過程の相対的自立性を捨象し、資本家が労働者に対する生殺与奪権をもつかのように云うのは、比喩的表現とはいえない、マルクスらしくない、ブルジョワ的な云い方ではないだろうか。

「資本を措定し、資本を生産する労働」というマルクスの賃労働の規定もまた、労働の超歴史的な被自然制約性を資本による制約へと読み替え、「資本に組み入れられた労働過程」の相対的自立性を捨象し、生産過程を資本の増殖過程だけに一元化するものである。賃労働は、資本を生産するだけではなく、労働力を再生産する労働であり、自然的・社会的・意識的人間の「合目的的活動」（『資本論』Ⅰ／Ⅰ、二三四）である。労働力＝人間の自然力は、自然なしには労働として発現されないから、自然諸力が生産手段の一部である限り、労働者が生産手段所有者に従属せざるをえないことは確かである。しかし、疎外された労働の被自然制約性は、必然的に労働者の被資本制約性となるわけではない。被自然制約性の認識は自然科学であり、被資本制約性の認識は社会科学である。「機械をその資本制的充用から実践的に区別」することが出来る労働者は、「労働過程を支配する力 Macht」の自然科学的認識だけではなく、抑圧・搾取する資本の力 Gewalt の社会科学的認識を併せ持つはずである。二つの科学の区別と統一が、特定の社会思想に媒介されているとすれば、その思想のゆがみは、多かれ少なかれ、「大変な意識」のゆがみにもなる。

資本制生産様式内の生産諸力の発展と生産関係との矛盾を歴史的必然と見る唯物史観は、人間の個人的・社会的自然力が資本の生産力として発現することを、一方では発展としながら、他方では、発展が「自然過程の必然性 Notwendigkeit eines Natur prozeßes をもって」、いわゆる「否定の否定」Nigation der Nigation を生み出す、としている（『資本論』Ⅰ第二四章末尾）。労働力が労働者の「人格的生産条件」persönliche Produktionsbedingung（「ゴータ綱領批判」）であるなら、人格としての賃労働者は、資本家による就労許可を「生存許可」とは――「賃労働者は資本家の許可によってのみ生きられる」Er kann nur mit ihrer Erlaubnis leben（同上）とは――認識しないであろうし、彼自身の労働過程を「自然過程の必然性」として認識するにしても、資本への批判と反逆を区別するであろう。反逆の合目的性の判断を丸ごと歴史的必然にゆだねるような労働者像は、唯物史観の公式のゆがみといっても過言ではない。

　そのような文脈を読み取るのも、『資本論』の誤読というには当たらないとすれば、「ゴータ綱領批判」には問題がある。労働の被自然制約性の認識が不足していたとしても、「綱領」が意図しているのは、超歴史的労働過程――マルクスの言葉では「説明を要しないこと」――ではなく、歴史的現実としての資本家的領有の批判である。「ブルジョワ的」と云うほど被資本制約性の認識が欠如していた訳ではないし、労働の被自然制約性をエクスプリシットに否定した訳でもない。労働者党の綱領を「初等教科書的」といって批判することは、労働者の自己陶冶・鍛冶の不足――変革の意識の主体的形成が不十分な弱い仲間――を見下す独善的な外的批判に類するものではなかろうか（注）。

（注）「ラサールの綱領は、社会民主党の綱領でもあり……彼が師と認めたマルクスの綱領と何ら異なるところがない」というバクーニンに対しても、マルクスは、「小学生程度の愚かしさ」と酷評している

（「バクーニンの著書『国家制と無政府』摘要」『全集』一八、六四〇―六四三）。マルクスの末娘エリノアの英訳のあるベルンシュタイン『社会改革者フェルディナント・ラサール』も、バクーニンと同様の見方をしている。実際ラサールは、彼の演説を本にした『労働者綱領』*Arbeiterprogramm*（1862）を「『共産党宣言』のパラフレーズ」（マルクス宛ての手紙）と書いていたが、マルクスの見方は、否定的であった。マルクス宅滞在（一八六二年夏）中に見解の対立を認識したラサールは、それ以後マルクスとの交友関係を断絶するが、ラサールから借金を重ねながら、容貌を根拠に、彼を「モーセのエジプト脱出に加わった黒人の子孫」といい、「黒人的なしつこさ nigger-like importunity」（Marx to Engels, 1862/7/30）を嫌ったマルクスの差別的言動には、弁解の余地はない（その後、借金返済をめぐる二、三のやり取りはあるが、ラサールが「激怒している」ことを知っても、詫びてもいない）。――同時期のマルクス書簡、および、Eduard Bernstein, *Ferdinand Lassalle*（1904）, 177; *Ferdinand Lassalle as a Social Reformer*（Trans. by Eleanor Marx-Aveling, 1893）, ch.5; R. S. Wistrich, *From Ambivalence to Betrayal: The Left, the Jews, and Israel*, I-2. を参照。

「土地の国有について」（一八六八年）では、マルクスは、「土地所有……このあらゆる富の源泉 ursprüngliche Quelle allen Reichtums は、労働者階級の将来に関わる重大問題になっている」などと不適切な云い方をしている。富とは、自然を源泉とする使用価値の所有＝財産であって、抽象的使用価値一般ではなく、使用価値の源泉である自然の所有諸形態に照応している。

『資本論』の中には、「土地資本」という文言があり、「土地に合体された諸改良」と書いてある。"Erde-Kapital" というのは、大地を資本と見なすことではないか。永年牧草 permanent grass

や永続的肥料、干拓用の暗渠等々を資本というのは、まさに資本家的な云い方ではないか。自然の働きを無視して改良の効果のすべてを労働に帰するのは、人間労働力に超自然的創造力があるかのような云い方である。「自然がなければ、人間労働は何ものをも創造することは出来ない」（『経哲草稿』）というにしても、創造力は自然を利用する人間の労働に帰着せしめられているのであって、機械を創造する人間と機械を作らない動物との頭能力や労働力の差違は、支配・従属関係において把握され、生きている自然諸力の共働という位置付けにはなっていない。生きている自然——微生物・植物・動物——がいなければ、労働は、土地改良も土地改良の効果（効果がなければ、改良ではない）としての改良農業も実現し得ないという明確な指摘は、マルクスの著作のどこにもない。土地に合体された諸改良といっても、グアノは微生物による分解なしには肥料効果を挙げ得ないし、フェンランド fenland は芦の除塩作用なしには干拓地にならない。そればかりではない。彼は、農作物や家畜を「人間と土地との物質代謝」——現代風にいえばエコ・システム——の要《カナメ》としてではなく、人間のための労働手段、労働対象として位置付け、人間労働を物質代謝の直接的媒介項＝要としている。

　労働の被自然制約性は、生産手段の所有形態には無関係である。マルクス自身、人間と自然との物質代謝過程、つまり、労働過程論を、超歴史的過程——生産手段所有の歴史的形態とは無関係な、自然だけが制約要因である生産過程——として展開している。その労働過程論は工業にも当て嵌まる。工業労働の被自然制約性もまた、社会的制約性とは区別されるし、生産手段或いは自然諸力の所有形態に関わりのないものとして、把握できる。賃労働者は自立的生産者と同じように機械を制御し、改良さえする。資本を生産する労働は、賃労働を批判する労働者自身の労働力を再生産する労働でもある。資本主義を批判しない労働者が、「機械の奴隷」、「資本家の奴隷」であるわけでもない。

「ゴータ綱領批判」がマルクスのインプリシットな自己批判を含んでいるとしても、文言には現れない。それどころか、「自然もまた、労働と同じ程度に富＝使用価値の源泉である」とは云っても、自然もまた人間と同じように労働するとは云わないし、自然の労働が価値の源泉たり得るとは云わない。「労働に起因しないものをすべて純粋な効用〔使用価値〕l'utilité pure の領域すなわち人間の行動〔労働〕に服従する物の範疇 la catégorie choses soumisses à l'action de l'homme へと格下げする経済学」に対するプルードンの批判（Proudhon, *Système des Contradictions Économiques; ou Philosophie de la Misère*, 251）は、マルクスの念頭にはない。自然を自己の所有物とするから、「すべての富の源泉は労働」ということになるとはいっても、自然の働きを人間労働に帰着させるから、労働が価値になるとは、一言も云わない。その限りでは、「ブルジョワ的云い方」の批判は、ブルジョワ社会の価値法則の批判にはなっていない。「労働は、社会的労働として初めて、富と文化の源泉となる」というが、「民富」Volksreichtum は「自己の労働に基づく私的所有」ではないか。民富の否定は「領有法則の転回」の否定に通じるばかりか、ルネサンスの芸術的巨人を無視し、「アメリカン・ドリーム」を無視することにもなる。それだけではない。マルクスは、プルードンのいわゆる「集合力」force collective（*Ibid*, 266）をマニュファクチャーに固有な「部分労働者 Teilarbeiter の結合労働力 kombinierte Arbeitskraft」と言い換えただけではなく、工場労働者の社会的自然力を「機械そのものの本性によって命じられた技術的必然……従属せしめられた集団力 Massenkraft」に過ぎないという（*Das Kapital*, I, 349, 404-405, 559）。工場労働者の社会的労働＝協業は、機械に合体された「資本の内在的生産力」と見なされ、「不払い労働の指揮権者」である資本家が支払いをしないのは当然のこととされる。

賃労働者は、彼の自然力すべてを資本家に売り渡すわけではないし、社会的自然力に対する不払いに同意するわけでもない。もちろん彼は、資本家の所有に属する奴隷ではないし、いわんや機械の命令に服従する「機械の奴隷」ではない。機械的・技術的必然を科学的に認識する労働主体は、独立の人格であり、独立の人格＝個人として協業する。「資本の内在的生産力として現象する」社会的労働の自然力を始めから資本家のものとするのは、まさにブルジョワ的な云い方である。

ブルジョワ社会の積極面の評価は、初期マルクスの現実批判における不可欠の前提であった。彼は云う――「資本の文明的勝利は、死んだ物の代わりに人間労働を、富の源泉として発見し、創造したということ、まさにこの点にある」（『経哲草稿』一一六）。「私的所有の主体的本質、……人格としての私的所有は労働である」（同一一九）。「国民経済学は、労働を富の唯一の本質として展開し……自然的な私的所有の現存であり富の源泉であるもの――すなわち地代――に、とどめの一撃を加える」（同上一二二）。この場合、労働を「富の源泉」とする認識は、ブルジョワ経済学のものであるが、云い方はマルクスのものである。彼は、イギリス国民経済学の現実認識を積極的に評価しているのである。

三　生きている自然諸力

『資本論』では、「ウィリアム・ペティがいうように、労働は質量的富の父で、大地はその母である」（Capital, I, ch.1, sec.2）といい、イギリス経済学にも、人間労働だけではなく、自然を富の重要な源泉とする見方、云い方があったことを認めている。それどころではない。同箇所には、「使用価値としての富の背後には、人間の助力なしに天然に現存する一つの物質的基体 material substratum（原文 materielles Substrat）がひかえている」という表現がある。それは、「農業においては、人間とともに自然もまた労働する "nature labours along with man"」（*The Wealth of Nations*, Bk.II, ch.5）と云い、「（農業）労働者と役畜」labourers and labouring cattle を併せて「労働生産力」the productive powers of labour（*Ibid.*, ch.2）と云うアダム・スミスの視点に近いように受け取れる。

しかし、実際はそうではない。両者には、決定的な相違点がある。マルクスのいう「天然に現存する物質的基体」は、物質的富＝商品の使用価値（商品本体 Warenkörper）を構成する二つの要素の一つ――（有用）労働の対象たる自然＝「天然素材」Naturstoff（*Das Kapital*, I, 57）――であって、生きている自然――現代風にいえばエコ・システム――を意味するものではない。エンゲルス校訂の英訳版では、“Naturstoff”の訳語にジョン・ロックを想わせる「自然の自発的生産物」spontaneous produce of Nature（J. Locke, *Two Treatises on Government*, Bk.II, ch.5）が当てられているが、「自然の労働」という視点に限っていえば、マルクスは、ロックやスミスを離れ、リカードウに近づいている。スミスの場合、自然（家畜と農作物）は人間とともに労働の主体であり、使用価値だけではなく価値の生産にも加わるのであるが、リカードウのスミス理解によれば、スミスにおいても「自然の用役」は「使用上の価値 value in use の生産だけ」に限られる。

マルクスの『経済学批判要綱』中の「リカードウ抜粋ノート」には、次のような注目すべき引用（cf. Ricardo, *Principles*, ch.20, par.14-15）がある――

> 「セーによれば、スミスはいっさいの価値を人間労働から導き出し、自然の諸作用因によって与えられる価値を看過したというが、その非難は間違っている。スミスは、自然の用役を低評価してはいない。ただし彼は、〔自然は〕使用上の価値 value in use を追加しはするが、その仕事を無償 gratis で行うから、交換価値には何も付け加えない、ということを、正当にも区別している」（『要綱』Ⅳ、九〇四）。

富＝使用価値の生産における「自然の用役」を認める点では、スミスもセーもリカードウも一致しているし、マルクスも同じである。相違点は、自然の働き work が価値の生産に加わるかどうかという点、および、人間労働と自然の働きとの関係をどのように把握するかという点である。「価値を人間労働のみに帰着させる」のは、スミスではなく、リカードウであり、とりわけマルクスである。マルクスの「抜粋」にはないが、リカードウの引用にあるように、自然が人間と「協働する」（concur with）というセーの表現は、「人間と共に自然もまた労働する」というスミスの視点に通じる（*Principles*, 3rd ed., ch.2, n.10; ch.20-14～15. 羽鳥・吉沢訳『経済学および課税の原理』、上一一三―一一五、下一〇三―一〇六）。

リカードウは、「人間と共に自然もまた労働する」というスミスを批判して、「自然の労働が支払いを受けるのは、自然が多くをするからではなく、少ししかしないからである」といい、さらに、「農耕の過程で自然が人間と協働するから地代が生まれるのではなく、地代は農産物価格から生じる」という（同上）。しかし、劣等地の耕作或いは収穫量の少ない追加投資が必要なのは、彼のいうとおり、「自然がケチ niggard」だからであるとしても、優等地の収穫が多いのは、自然が「恵み深い munificently beneficent」からである。差額地代は二つの要因によって生じるのであって、前者だけによるのではない。また、「自然が人間に援助を、しかも気前よく無償で与えていない製造業など、およそ挙げることができない」といって、スミスを批判しているが、それもリカードウの勘違いで、スミスが「製造業では自然は何もしない」といっているのは、生きている自然諸力のことである。

リカードウには、生きている自然諸力に関するまとまった考察箇所はないが、『原理』第三版

第三一章「機械について」の中には、農業に「馬の労働が人間の労働に代用される場合」の収益増について、簡単な論及がある（同、下二九二）。ただし、彼にいわせれば、土地が穀物生産機械（同、下一七三）であるように、馬力（畜力）も機械力と同列なのである。家畜や作物は、空気や水のように「無償の助力」gratuitous assistance をするわけではないにしても、価値を生み出す人間労働の補助、「代替物」substitute に過ぎない。「自然の労働への支払い」を受けるのは、自然ではなく、自然を所有する人間なのである。

リカードウは、人間労働力に代わる畜力や、畜力に代わる機械力の経済的効果を論じるだけで、機械力によって代替出来ない自然諸力――機械化し、機械的に利用することが不可能な、生きている自然諸力――を無視した。スミスが「製造業では自然は何もしない」といったのは、工業では、生きている自然の働く場所はないということであり、農業においては、家畜や作物が労働する主体となるという意味であったのに、リカードウはそれを曲解した。

マルクスは、「自然の労働」については、リカードウほどにも関心を示さず、全く目を向けない。人間労働だけを価値とするマルクスは、スミスよりは勿論、セーよりも、リカードウよりも、「自然の労働」には否定的なのである。

マルクスの「労働過程」論（『資本論』I第二四章）は、いうまでもなく、人間の労働過程論＝使用価値生産過程論なのであって、自然は労働にも価値生産にも加わらない。「労働過程」の章の冒頭にあるように、マルクスの意味における労働過程には、「自然が参加する」が、労働の主体はあくまでも人間であり、自然は人間の「統御」の対象である。つまり、労働は「もっぱら人間労働として考察される」。具体的にいえば、工業の場合と同様に、農業においても、自然諸力は人間の所有物として——土地は生産手段、役畜は労働手段、作物の種子や肥育中の肉畜は、労働対象（農業生産の原料）として——取り扱われる。労働過程の「諸契機」は、「労働そのものと労働対象および労働手段」なのであるから、先ほど引用した「（富＝使用価値としての）商品Warenkörper から有用労働 nützliche Arbeit を取り除いた後に残る天然素材＝自然物質 Naturstoff」とは、敷衍すれば、労働対象と労働手段のことである。マルクスは、わざわざ書き加える——「自然の産物と考えられている家畜や農作物は、前年の労働の生産物であるばかりか、幾世代にも亙る形態変化〔改良〕の結果である」。そして、その実例として彼が挙げるのが、農作物の種子である。機械その他、工業における生産手段について云われたことが、そのまま家畜や作物についても云われるのである。

「労働の生産物と考えられている農作物や家畜は、自然の産物である」という逆転の発想は、ここにはない。品種改良は、疑いなく人間労働の結果であるが、人工的淘汰とは、人間が加わる自然淘汰に過ぎない。家畜は人間によって変えられた動物であるが、飼い馴らされただけで、人間化されたわけではない。「幾世代にもわたる形態変化」の歴史を逆にたどってみても、目につくのは自然史であって、科学史は改良方法の記録の中に残っているだけである。つまり、動植物の姿態にいくらかの変化の跡がみえるにしても、それは、本質的変化ではない。それどころか、自然史を系統樹的に遡れば、人類の祖先と家畜の祖先はいわば親類であったし、動物と植物の先祖は同じであった。意識的存在として人間を他の動物から区別することは当然であるにしても、自然的存在としての人間と対象たる自然との差別、人間を自然の上におくような云い方は、マルクスの本旨に反するように思われる。しかし、彼の労働過程論の中にも、生きている自然なしには人間は何ものをも創造しえないばかりか、生きても行けないという基本的視角が貫徹しているとは言い難い。「正しく取り扱えば絶えずよくなっていく」という自然諸力の合理的取り扱い（『資本論』Ⅲ/2、一〇〇一—一〇〇二）の中にも、自然の労働の位置付けは見出せそうにない。

リカードウに代表されるイギリス経済学が、「地代は土地から生まれるという重農学派の幻想」を打ち砕き、「交換価値形成に自然が果たす役割に関する退屈な論争」を終決させていたというマルクスの指摘（「商品の物神性とその秘密」）は、完全に正しいとは言い切れない。マルクスが利用したリカードウの『原理』第二版には、次のようなセーの引用文があった——「われわれは、生産の自然的動因 natural agents の助力に対して支払わざるをえない。その効用が労働〔力〕、資本、土地の利用によって、一つのものに伝達されて初めて、それは生産物となり、価値をもつ」（同、下一〇六）。リカードウ同様、マルクスも、これを使用価値と価値の混同として片付けているが、むしろ、使用価値と価値の一体的把握のなかに、自然的動因が位置付けられていると読み取るべきであったのではなかろうか。なぜなら、価値と使用価値との対立、乖離は、商品、とりわけ大量生産商品の交換過程で初めて明確になるのであって、生産過程——とりわけ農業生産過程――においては、両者は区別されないし、生産物において両者は一体である。個別的・具体的労働の生産物が抽象的人間労働（社会的・平均的必要労働）の産物――一物一価の価値物――として取り扱われるのは、大量商品の交換過程においてである。大量商品の交換過程においては――マルクス自身がいうように――諸商品の生産過程も「領有過程」Aneigungsprozeß も消え去っており、誰がどのようにして生産したかは、問題にもならない（*Grundrisse*, 903）。『資本論』冒頭の「商品」が「端緒的形態」Elementarform であるのは、その意味においてであり、その限りにおいてである。いわゆる「物象化」Versachlichung とは、個別的・具体的労働が均質な人間労働――言い換えれば抽象的人間労働――として交換価値の実体とされる商品世界の現象であり、大量商品の交換過程における生産過程の捨象である。売り手には自明の生産過程が買い手側に見えないのは、商品に表示されないからであり、顧客販売とは異なり、価値と使用価値の乖離が売り手と買い手の利害の対立関係になっているからである。

「力織機 power-looms の導入によって、手織商品の価値は半減した」（*Capital*, I. ch.1）というのは、マルクスによる様々な商品の生産過程の併存の捨象＝等質化であって、土産的産業として生き残った手織職人の製品は、かえって高くなった。機械化＝大量商品化の及ばない領域すべてが、改良を拒む怠惰で未発達な分野なのではない。生きている自然力だけがなし得る「価値創造的労働」value-creating labour（原文 “wertbildende Arbeit”, *Das Kapital*. I, 53）の中には、「均質な抽象的人間労働」に置き換えられない領域がある。均質化されない特殊な労働、とりわけ自然の労働に依存する生産分野がそれである。その最たるものは、農業である。機械製品ではない手織り紬や"hand-woven" tweed、或いは、養殖ではない天然魚や活魚と同様に、無農薬・有機農産物や産地直送青果物は、労働と使用価値において、一物一価の大量商品とは区別される。

生産過程に関するセーの云い方を、使用価値と価値の「混同」ということこそ、生産過程と商品交換過程との混同というべきである。

マルクスは、自らの課題としたそのさきの問題——商品の価値が労働によって、価値の量が労働時間によって表されるのはなぜか、という点の理論的解明——に移るまえに、生産過程——とくに農業生産過程——における生きている自然諸力の役割を、価値から切り離し、使用価値の領域に閉じ込めてしまうことの問題点に、少なくとも言及しておくべきであった。

「自然が無償で働く」nature works gratis ということは、生きている自然を人間が自己の所有物としているということに他ならない。奴隷の労働は無償であるが、奴隷にとっては疎外された労働である。「牛馬が喰うのと同じ」ような食生活が「機械の奴隷」の労働力再生産の基礎であるなら、家畜や作物が喰うのは、生きている自然の労働力再生産である。その自然の労働の産物が価格をもち、支払いの対象となるかどうかは——後述する「虚偽の社会的価値」を含め——資本主義社会の商品交換の問題であって、生産過程の問題ではない。商品交換過程においては、社会的必要労働＝抽象的人間労働だけが意味をもつのであって、人間の具体的労働は問題にはならない。自然の労働など入り込む余地もない。生産過程——とりわけ農業生産過程——においては、抽象的な自然の働きwork一般ではなく、人間の具体的労働および協働する家畜や作物の具体的な労働が重要な役割を果たす。

歴史上、「自己の労働に基づく私的所有」として現れるのは、「実際のところ、自然の生産物の事実上の領有過程der faktische Aneigungsprozeß von Naturprodukten」に他ならないというマルクス自身の指摘（『要綱』V、一〇二三、*Grundrisse*, 903）が、そのような意味であったとすれば、マルクスは、そのことを、リカードウ批判として、明確に指摘しておくべきであった。超歴史的に考察された労働過程論が、資本制的蓄積という特殊歴史的な価値増殖過程に関する――したがってまた経済学に対する――根底的批判の一つの立脚点となりうるためには、生きている自然の労働をも含め、労働概念そのものにさらに徹底的な検討を加えて置く必要があったと思われる。

耕耘や施肥・播種等の作業には、役畜labouring cattle（A. Smith）も参加する。そればかりか、そこから先の作業――光合成と土壌成分の吸収による炭水化物や蛋白質等の製造――は、人間労働とは無関係な作物自体の働きであり、植物蛋白を動物蛋白に変えるのは家畜（肉畜）の働きである。人間労働力に超自然的創造力が備わっているかのように見えるのは、労働対象と見なされる作物や家畜に、人間労働力の源泉たる必須栄養素を造り出す創造力が備わっているからである。それらをスミスにならって「自然の労働」work of natureというならば――労働概念を、人間の生命活動としての人間労働力の発現だけに限らず、人間労働力そのものを支える動植物の生命活動をも含むものへと拡大するならば――「労働はすべての富の源泉ではない。自然もまた同じ程度に、使用価値の源泉である」ということの方が、奇妙なものとなるであろう。生きている自然は、工業においては何もしないが、農業生産過程においては、労働過程と価値生産過程との統一の要をなすということが出来るであろう。

マルクスが強調するように、人間が自然的存在であり、自然の一部であるというならば、人間の対自然的労働も自然の労働であるといってもよいであろう。その自然的存在である人間の労働は、対象たる自然を初めから我が物とし、自分の所有物としていた。ブルジョワ社会成立の遙か以前から、家畜や作物は野生動植物とは異なる人間の所有物であったし、農地もまた手付かずの大地とは区別して取り扱われて来た。農耕以前においてすら、採取とは自然の一部を我が物とすることに他ならなかった。自然を自己の所有物とみなすのが「ブルジョワ的」と云う時、マルクスは、その点を捨象して、ブルジョワ社会の所有形態、所有意識だけを念頭においている。その意味では、彼の云い方こそ「ブルジョワ的」であるばかりか、一種の truism（自明の理）、同義反復ということになるであろう。

農作物が実を結び、家畜が成育・繁殖するのは、動植物の種の保存のためであって、人間の生存のためではない。役畜の労役は、家畜にとっては、疎外された労働である。総じて、家畜や作物が人間にとって富＝使用価値の源泉であるということは、農作物や家畜が人間の所有物であり、彼らの生命活動が疎外された労働になっているということを意味する。アダム・スミスが、農業では「自然も労働する」と云い、「自然の労働は人間の労働と見なし得る“the work of nature can be regarded as the work of man"」（A. Smith, *op. cit.*）と云うのは、まさにそのことである。つまり、生きている自然諸力 powers of nature の発現たる自然の労働の疎外を、スミス流儀に表現したものであると解釈し得る。彼が、「製造業では自然は何もしない」と云うのも、生きている自然の働きを云っているのであって、蒸気や水や鉄等々の自然力を無視している訳ではない。彼の強調点は、農業では、生きている自然＝家畜や作物が労働の主体であるということ、それにも拘わらず、その不可欠の主体は、主体性を無視され、人間労働の対象或いは手段と見なされる、ということである。

マルクスがいうには、剰余価値を生み出すのは、生きている人間の労働だけである。「牛馬が喰うのと同じように」人間が食うことが、労働力再生産の基礎であり、生きている労働が価値を――剰余価値を――生み出す根拠である。彼によれば、穀物の種子は、死んだ労働＝過去の労働の産物として、価値を移転させるだけで、価値を生み出さない。生み出すのは、使用価値だけで、価値ではない。

人間の疎外された労働だけを問題にして、家畜や作物（動植物）の疎外された労働を言わないのは、家畜や農作物を人間の所有物とする人間中心主義から脱し切れていない見方、リカードウ的・ブルジョワ的云い方ではなかろうか。

マルクスは、スミスの卓見に気付きながら、それを彼自身の思想体系の中に生かし切れなかった。そればかりではない。人類全体といえども自然の所有者ではないと云いながら、マルクスの

「人間と自然との物質代謝 Stoffwechsel」概念には、イギリス「肥料学」や「アンモニア説」を批判するリービッヒの「有機化学」或いは「植物栄養学」――土壌中の無機質を栄養素として生長する植物を主体として認識する視点――が欠けていた。したがってまた、殺生を禁じる仏陀の思想、「殺すなかれ」と命じるキリスト教や、肉食を禁じ役畜の酷使を自制するドゥホボール Doukhobor 教徒のような視点は、彼にとっては論外であった。マルクス主義には愛がないと云われる所以も、そこにある。

「土地資本」を「土地に合体された資本」と言い換えただけでなく、「土地に合体された改良」と言い換えたとき、マルクスは当然、改良の価値と使用価値との差異を意識していたはずである。改良の残存価値 unexhausted value の補償＝テナント・ライト補償とは、価値のみを愛し、使用価値に無関心な農業資本家のまさに「ブルジョワ的な」要求である。ところがマルクスは、「テナント・ライト」を"Recht der Pächter"（借地農の権利）一般へと拡大解釈し、その限りで、改良の価値と使用価値の区別を度外視する。アイルランドでは、イギリス大土地所有者に借地を返還する際、借地農民は、自分が造った建造物（使用価値）への権利を主張したが、残存価値の補償後は無価値とする地主によって取り壊された。イングランドでも、テナント・ライトと区別される「テナント・ライツ」tenant rights は、使用価値を含むものであったが、テナント・ライト補償の要求には、自己の投下資本への保障があるだけで、次期借地農業者の利益や国民全体の富の増大などはどうでもよいことであった。そのような点に関わる問題意識が、マルクスには見られない。

四　虚偽の社会的価値

差額地代を「虚偽の社会的価値」falscher sozialer Wert（*Das Kapital*, Ⅲ, 711-712）というのは、「人間の否認を徹底的に遂行する」（『経哲草稿』一二〇）イギリス国民経済学——とくにリカードウ——に対する批判のように見える。しかし、実はそうではない。マルクスの差額地代（第Ⅰ形態）論そのものが、基本的にリカードウの継承であって、『経哲草稿』の延長線上における批判的展開にはなっていない。そればかりか、『資本論』全体が、「諸関係の単純化」のためとはいえ、結局は、土地所有者階級の存在を捨象し、地主という「人間の否認」で終わっている。フランス重農主義者の所説を重視したスミスのいわゆる「地主の改良投資」depenses foncieres（A. Smith, op. cit., Bk.IV, ch.9）の経済学的意味の解明もなく、「別途に考察すべき課題」としたイギリス大土地所有の社会的経済的位置づけ作業も、残されたままである。

マルクスが、一九世紀末「大不況」を「生産的に消費」し終えるまでは「『資本論』第三巻を出版しないでしょう」といい、そしてまた、リービッヒの『有機化学』を取り込んで「地代論」を書き直そうと意図したのは、いかなる構想によるものだったのであろうか。

「今度の恐慌はいままでのものとは全く異なる」というのは、単に恐慌の形態転化——長期恐慌——だけを問題にしていたのではなく、イギリス大土地所有の危機——言い換えれば、彼自身の地代論的土地所有論の欠落部分——および、地主階級と大都市労働者の生活、とりわけ公共緑地保全との関わり合いに目を向けたからではないだろうか。

それはそれとして、話を「虚偽の社会的価値」に戻そう。

差額地代第Ⅰ形態が「虚偽の社会的価値」であるなら、土地改良を伴う農業資本の継起的投下に起因する差額地代第Ⅱ形態もまた、同じはずである。

しかし、「土地の等差」が土地本来の自然地力に基づくにせよ、人工的な土地の偶有性（肥力）によるにせよ、土地等級の差が収穫量の差となって現れるのは、作物の「自然の労働」に起因するのであって、土地そのもの、土地の豊沃度の等差によるのではない。収穫量の差を人間労働の生産性に帰するためには、「自然の労働」ではなく、土地の豊沃度に起因するものとしなくてはならない。しかし、収穫物は、土地が生み出すのではなく、作物が生み出す。地に落ちた一粒の麦が、最劣等地では一〇〇粒になり、優等地では一〇〇〇粒になったとすれば、人間の投下労働量は同じでも、一粒の種麦の労働量は、優等地では最劣等地の一〇倍なのである。人間労働だけが価値の実体とされる限り、優等地における種麦の労働生産性の高さは、価値には影響しない。価値ではないものは、当然「虚偽の」価値でもありえないはずである。

優等地の収穫がより多くの貨幣収益（価格）をもたらすのは、市場の一物一価の法則によるものである。市場価格が最劣等地の生産価格 the price of production によって規定されるというのは、市場価格と最劣等地における「生産価格」は等しくなければならないというだけのことである。

市場価格と優等地における「実際の生産価格」との差――つまり生産物形態の差額地代――は、スミス流にいえば、「人間労働の産物と見なされる」、「自然諸力の産物」である。しかし、マルクスは、スミスの見解を否定し、リカードウの所説を正しいものとする。「価値は労働である。それゆえ剰余価値は大地ではありえない……リカードウのいうとおり、同量の労働と資本が、異なる量の農産物を産出するのは、土地の肥沃度の差に基づくけれども、その量的に異なる個別的価値が等しい市場価値を与えられるのは、商品交換にもとづくのであり、（差額）地代とは、肥沃な土地の利益が耕作者や消費者から地主に移される部分に他ならない」（*Capital*, Ⅲ ch.48. The Trinity Formula, 568）。「自然諸力の産物」も、人間労働の産物と見なされ、同一商品は同一価格となる。そもそも「一物一価の法則」とは――Law of Indifference 或いは Law of One Price といわれるように――「実際の生産価格」（個別的価値）の相異に拘わらず、同一商品（使用価値）は同一価格になるということであり、一物一価値（等価値）を意味しない。言い換えれば、「一物一価の法則」は、「実際の生産価格」の価値表現＝個別的価値には当て嵌まらない。リカードウ流にいうならば、「自然がケチ」だから、劣等地の耕作、低収益の追加投資が必要となり、それに応じて農産物の市場価格が高くなる。すなわち、優等地の農産物の「相対的価値」――他の商品に対する価値、労働力商品や工業製品を「支配」しうる価値――つまり「交換価値」も高くなる（『原理』、上一一一―一一二、下一六九―一七一）。彼のいう優等地における農産物の「相対的価値」とは、「自然の労働」に対する支払いを上乗せした市場価値のことであり、いわば「虚偽の市場価格」

の価値表現なのである。マルクスのいう「虚偽の社会的価値」は、それを言い換えたものといっても過言ではない。

実際マルクスは、リカードウにならって、差額地代を（小麦の）単位面積当たり生産量と価格で例示的に説明した後、いきなり「虚偽の社会的価値」を言い出す。市場価格形成の段階では問題にならなかったものが、市場価値＝交換価値形成の段階になって、初めて出て来るのである。「虚偽の社会的価値」は、マルクス自身が云うように、「社会的には無意識的で意図せざるものとはいえ、一つの社会的行為……市場価値の法則から生まれる」（『資本論』Ⅲ第三九章）のであって、市場価格の法則から生まれるのではない。「一物一価の法則」に代わって「交換価値の法則」が現れると、「虚偽の社会的価値」が出て来るのである。社会的現実としての市場価格の生産価格からの乖離部分を「虚偽の社会的価格」とはいわずに、それの価値論的表現としての市場価値の個別的価値からの乖離部分が、「虚偽の社会的価値」といわれるのである。

「交換価値＝市場価値の法則」とは、一物一価の市場価格の法則を、価値法則に読み換えたものである。工業部門では、「利潤率均等化の法則」――いわゆる「転形問題」が残されているにしても――は、剰余価値移転の論理により、一応は説明出来るし、平均利潤を加えた生産価格論を、社会的平均的必要労働を実体とする価値規定と齟齬をきたさないように展開できる。しかし、利潤率均等化は、農業部門には当て嵌まらない。「競争によって貫徹する社会法則」（『資本論』Ⅲ、「三位一体的定式」）といっても、それは、農産物商品市場だけ、つまり、個別的価値（実際の生産価格）から乖離する市場価値の形成を意味するだけである。実在の土地所有が部門間の資本の移動を妨げ、差額地代が同部門内競争を妨げる。「虚偽の社会的価値」は、そこに生まれる。「虚偽の社会的価値」の実体――自然の労働――は初めから否定されている。人間労働の産物でないものに市場価格を与えたのは、一物一価の市場法則であるが、それに交換価値を与えたのは、マルクスである。それは、理論的操作が生み出した抽象的産物である（注）。

（注）『資本論』冒頭の「商品」の章に交換価値が登場するとき、穀物（小麦）が取り上げられてはいるが、（当然とはいえ、）他の商品と同じ一商品として出て来るだけで、農産物の特殊性は全く問題にはなっていない。また、第I章第1節末尾では、使用価値はあっても価値をもたない例として、処女地や天然牧草地をあげているが、豊度差も土地所有も地代も捨象されている。同一労働が異なる使用価値を生産する例として、ダイヤモンド鉱山を取り上げても、鉱山地代を捨象しており、労働生産性の高さを価値低下に直結させている。商品の質＝使用価値の根源としての具体的「有用労働」nützliche Arbeit ではなく、交換価値の基礎としての一般的「抽象的人間労働 abstrakt menschliche Arbeit; human labour in the abstract」が問題とされる領域には、自然の労働などが入り込む余地はない。社会的平均的必要労働の量によって規定される交換価値＝市場価値の法則の解明過程には、初めから、「虚偽の社会的価値」論が伏線として隠されていたともいえるのである。マルクスが「虚偽の社会的価値は交換価値の法則から生まれる」というのは、そういう意味だったとすれば、充分納得できる。

「虚偽の社会的価値」は、「土壌およびその肥沃度の差に基づくのではなく、農産物の交換価値に基づく」といい、「資本主義的社会形態が廃止され、社会が意識的・計画的共同組織 Assoziation になれば、社会は、農産物を実際に投下された労働時間の二倍半もの値段で買い取りはしないであろう」というマルクスの表現の中には、彼らしくない不用意な云い方、理解し難いところがある。

この文脈からすると、未来社会においては、差額地代（借地料ではない地代範疇）は存在するが、「虚偽の社会的価値」は存在しない――なぜなら、意識的・計画的社会は、生産者に対して、投下労働量に相当する価格以上の支払いをしないであろうから、ということになる。言い換えれば、資本主義社会では、社会が農産物に対して、「実際の生産価格」以上の支払いをしていることになる。都市と農村の分離、農工分離の資本主義社会では、農産物の買い手は主として都市であり、農産物を生産的に消費する加工業を含め、労働者の個人的消費のために賃金を支払う工業部門である。工業部門が農業部門に対して超過支払いをするということは、農業資本家が支払う借地料（差額地代）は、実は工業資本家が支払っているのだということ、しかも、その差額地代なるものは、「虚偽の社会的価値」なのだということになる。

トマス・ペインが「地主たちは、地代を社会 the community に負うている」（Thomas Paine, *Agrarian Justice, opposed to Agrarian Law and Agrarian Monopoly*, 1797）と云ったとき、少なくとも彼は、当時の土地法制を念頭に置いて、土地の私的独占を問題にしていた。近代的土地所有の法制史を抜きにした地代論的土地所有論は、所詮「粗野な」基底還元論の域を出ない。

労働者は、剰余価値＝搾取を「不当なもの」とする「たいへんな意識」（『経済学批判要綱』Ⅲ、三九八―三九九）を獲得し、労働運動によって賃上げ、工場法を実現させた。銀行家は地主の「自救的動産差押え法」Law of Distress を改正させ、農業資本家はテナント・ライト保障＝借地法を成立させた。工業資本家は、自由貿易政策によって、相手国を自国工業製品の輸出市場、自国へ安い農産物を供給する農業国とし、穀物輸入自由化（穀物法撤廃）によって労賃を引き下げた。自国の「虚偽の社会的価値」を長期にわたって支払い続けたとしても、「地代国有化論」のような意識は、一部の「急進的ブルジョワ」のもので、工業資本家共通のものではなかったとすれば、その理由はどこにあったのであろうか。

工業の発展した資本主義社会だけではない。土地所有と経営とが分離していないところ――自作農や手作り地主が一般的な社会――では、借地料の支払いはないが、差額地代（範疇）は存在する。支払いの有無とは関係なく、「虚偽の社会的価値」は存在――少なくとも潜在――する。マルクスはなぜそのことに言及しないのであろうか。

『資本論』には、価値法則、すなわち等価交換＝価値通りの販売が「単純商品生産の全段階を通じて事態適合的 sachmäßig であった」と書いてある。単純商品生産或いは小商品生産段階といえども、土地の等差は存在したし、したがって、差額地代に相当する「虚偽の社会的価値」の問題はあったはずである。しかし、マルクスは、その点には言及しない。

差額地代はあっても、「虚偽の社会的価値」はなかったとすれば、地代（借地料）そのものが、商品交換に媒介されない生産物地代もしくはそれの貨幣形態たる代金納地代であったか、或いは、当時の社会は、商品交換すなわち市場＝「一物一価の法則」が未発達な社会――優等地で生産される多量かつ良質の農産物商品が、劣等地の量質ともに劣る農産物に比べて、より安く販売される社会であったということになる。そうした行為は、当然、意識的かつ計画的な生産主体の道徳――自然の労働によって質量ともに増大せしめられた超過部分を自然の賜物、或いは神の恩恵として、販売価格に含めず、自己の投下労働量に見合う価値通りの販売（一種の顧客販売）を行う良心的意識――なしにはありえなかったであろう。自己の労働による私的・個人的所有とは、「実際のところ、自然の生産物の事実上の領有過程」（マルクス『要綱』V、一〇二三）に他ならないし、ロック流に云えば、「自己の労働と結合 mixed した」「自然の自発的な働き the spontaneous hand of Nature の産物」（John Locke, *Two Treatises on Government*, Bk.II, ch.5, 26）を我が物とすることだからである。

同じ意識は、同じ共同体（村・教区）内の手工業者の意識でもあったはずである。農産物の買い手である手工業者が、彼の商品の売り手になるということ――共同体内分業に基づく小商品生産者相互の等価交換――は、他の共同体成員との商品交換或いは発達した市場を前提としない、村民同士、教区民同士の商品交換である。そこにみられる共通の道徳意識は、それ相応の社会規範――村法・教区規則 bylaw――の存在を想定させる。とはいえ、その社会的規範が、伝統的性格のものであるか新しいものであるかどうか、或いは、「モラル・エコノミー」論者のいわゆる

「非資本主義的マンタリテ」non-capitalistic cultural mentalitéに通じるものかどうかは、今は問題ではない。売り惜しみや掛け値、高利を排する「公正な売買」といい、「公正価格」fair priceというにしても、それが「無意識的で非意図的な社会的行為」でないことは確かである。この自立的小商品生産者は、彼の商品が、交換価値となるまえに――その価値を他の商品の使用価値によってしか表現しえなくなるまえに――、その価値を投下労働量だけによって表現したのであって、土地の肥沃性や自然の労働による増価を自分の労働――「労苦と煩労」toil and trouble（A. Smith）――によるものとはしなかった。外的な市場価値の法則以前に、いわば内的規律に従う価値どおりの販売が行われたのである。バニヤンJohn Bunyan流にいえば、「神のつけた正札はない」にしても――或いはむしろ、ないからこそ――「適正価格」just priceが守られたのである（拙著『カリタスとアモール』一六五―一六六参照）。

つまり、投下労働量を価値の実体とする価値規定は当て嵌まっても、それは、外在的な価値法則が「単純商品生産（小商品生産）の全段階において事態適合的であった」というわけではない。「単純商品生産」einfache Warenproduktionという表現が、エンゲルスの造語で、「価値法則は単純商品生産の全段階において事態適合的であった」というのも、彼が編纂した『資本論』第三巻の第二版巻末「補遺」だけにしか見られないものであるとすれば、マルクスではなく、エンゲルスの見解が、妥当性を欠くということになる（注）。

（注）　クリストファー・アーサーによれば、マルクスには「単純商品生産」という表現は全く見当たらず、einfache Warenproduktion（英訳 simple commodity production）というのは、エンゲルスの言葉、しかも、『資本論』の最初の部分が資本主義以前の「単純商品生産」をモデルにしているという彼の誤解に基づく概念であるという――Christopher J. Arthur, “The Myth of Simple Commodity Production”, 2005.

ただし、言葉の有無は別とし、マルクスの商品論――商品価値の実体、商品物神性等に関する箇所――にエンゲルスの解釈に近い文脈があることは、否定しえない。『経済学批判要綱』の中で重要な意味をもつ「単純流通」einfache Zirkulation の前提となっている「背後で進行し、流通以前に消え去っている過程」（『要綱』V、一〇二三、*Grundrisse*, 903）とは、資本制生産様式以前の小商品生産過程――いわゆる“petty mode of production”――を意味するものであるし、エンゲルスのいう「単純商品生産」過程に他ならない。

その意味では、「単純商品生産」を「神話」として片付けるのは妥当ではない。

ただし、エンゲルスの史実認識によると、中世（一三―一五世紀頃）のイギリスでは、半農半工の農民と手工業者は、互いに自分の商品だけでなく、相手の商品の価値（投下労働量）をも知りえた。だから、価値どおりの売買が行われた。彼が「単純商品生産の全段階において、マルクスの意味における価値法則は事態適合的であった」というのは、そのことなのであるが、彼のあげている事例がマルクスの「価値法則」に合致しないことは、明らかである。エンゲルスは、共同体内分業の未発達状態を説明原理として、意識的等価交換を実例にあげ、それを価値法則の貫徹としている。分業の未発達状態とは、共同体的結合状態の実在を意味する。貨幣地代を強制され、高利や暴利が横行する社会の農民と手工業者は、互いに手の内の読める疎遠な他人として向き合ったのではなく、同じ共同体の中の同じ者同士として相対した。共同体成員同士の意識的行為を客観的価値法則と見なすわけにはいかない。

マルクスの「政治経済学批判」の根底にある近代イギリス史の史実認識の妥当性を問題にするに当たり、「モラル・エコノミー」の視点を導入しようとする「社会史」social history――民衆史、日常史――の試み（注）が、どの程度まで有効性をもち得るかは、その理論と実証にかかっている。理論体系を構成する特定概念が歴史的事実の抽象である限り、史実認識と理論的抽象過程の妥当性が問題だからである。

（注）E. P. Thompson, "The Moral Economy of the English Crowd in the Eighteenth Century" (*Past & Present*, No.50, 1971) ; A. Sayer, "Moral Economy and Political Economy" (*Studies in Political Economy*, vol.61, 2000).

等価交換が事態適合的な社会に「虚偽の社会的価値」は適合しない。「虚偽の社会的価値」の根拠とされる「交換価値＝市場価値の法則」は、現実的には「一物一価」の市場価格法則であり、よい商品をより安く販売する小商品生産者の精神は、そこにはない。「初めに言葉ありき」が、「初めに行為ありき」（『資本論』Ⅰ第2章）になることは、社会的意識の変化でもある。買い手にとっての使用価値に配慮する共通意識が、価値のみを愛する社会意識へと変化すること、それは、「無意識的かつ非意識的社会的行為」を「法則」と見なす社会意識に変わることに他ならない。

商人に仲介される間接的売買が一般化すれば、市場価格は生産価格から乖離し、自立的生産者の意思から離れる。資本制生産が発達すれば、直接生産者の労働は賃労働として、その生産物は資本家の商品として現れる以上、直接生産者の労働は生産価格の一部、賃金として表示される。生きている労働は賃金として、死んだ労働は減価償却費として、生産価格を構成するが、減価償却が済んだ後の建物や機械に価値はない。機械の自然力に使用価値は残っていても、もはや価値ではない以上、この機械によって生産された商品への価値移転もありえない。同じ商品として同じ市場価格をもつこの商品は、まさに虚偽の市場価値をもつことになる。農産物では、生きている作物の自然力が生み出す虚偽の社会的価値を、二度死んだ自然力＝機械力が生み出すのである。土地に合体した諸改良が、投下資本の補償（回収）後に土地の偶有性として残存し、虚偽の社会的価値（差額地代）を生むのと、全く同様である。自然力が生み出した価値は、マルクスの言葉では、「市場価値の法則」が生み出したものであり、人間労働の所産でない以上、「虚偽の社会的価値」というほかない。

地代が虚偽の社会的価値なら、その地代の「資本還元」capitalization としての地価も当然、虚偽の社会的価値となる。ジョン・スチュアート・ミルたちのいわゆる「不労土地増価」unearned increments of land value に関しても、同じことがいえる。差額地代は、土地の肥沃度の違いだけではなく、位置の違いによっても生じるし、不労土地増価は農地よりもむしろ市街地の現象だからである。

一般的・抽象的人間労働が、商品の価値の実体となり、社会的平均的必要労働時間が、価値尺度となるというのは、資本制工業においてである。資本制農業においては、社会的平均的な生産価格ではなく、最劣等地の生産価格が市場価格を規定する。市場価格の生産価格からの乖離は、農産物だけではなく、工業製品にもみられるし、マルクスが言うように、機械と同様、家畜や種子も「過去の労働の生産物」なら、「死んだ労働」も価値の移転として、価値形成に参加する。市場価格の生産価格からの乖離部分が、農産物についてだけ「虚偽の社会的価値」といわれるのは、剰余価値の移転として説明される利潤率均等化が、農業においては起こらない――地代（借地料）として横取りされる――ということであるが、それよりも何よりも、工業においては「何もしない」生きている自然が、農業においては、死んだ労働より重要な価値形成要因だからであり、他ならぬマルクスが、その自然の労働を価値形成から排除しているからである。「過去の労働の生産物」とされる種子が生み出す収穫物は、優等地の超過生産物といえども、同じ商品として市場価格をもち、したがって交換価値をもつことになるが、価値の実体がないから、虚偽の社会的価値だというのは、工業と農業との本質的相異の無視から生じたそれ自体矛盾した云い方である。

「虚偽の社会的価値」という認識は、市場価格の法則の「交換価値の法則」への転換＝（マルクスによる）読み替えから生じた。それはまた、穀物法 Corn Laws を工業的利益（労働者を含む）に反する地主的利益擁護法とし、それゆえ反社会的なものとしたイギリス（綿業）資本家たち――そのイデオローグともいうべきリカードウ――の主張を、マルクスの言葉に置き換えたものともいえる。

穀物価格の低減要求は、地代減額を目的としたわけではないし、「不労土地増価税」tax for the unearned increment of land value の構想や「地代国有化」論にしても、「虚偽の社会的価値」意識から生まれたものではない。

マルクスのいうように、差額地代が虚偽の社会的価値なら、地代の資本還元である地価も同じく虚偽の社会的価値であり、したがって地主とは、二本の足で立つ虚偽の社会的価値に他ならないということになる。大土地所有者 F. S. Value 家は、もともと封建領主であり、一三世紀の「地代金納化」Commutation 以来、農民の貨幣地代（代金納地代）によって家産を維持して来た。その領地がいくつかの資本制農場に変わったのは、産業革命（農業革命）以後である。当主の F. S. Value 伯爵も、自分の代になって、「虚偽の社会的価値」家と呼ばれようとは、思いもしなかったであろう。何しろ当家は、イギリス最初の国会制定法「マートン法」Statute of Merton に基づく「改良」“approvement” 以来続けてきた土地改良に、いささか誇りをもつ「改良地主」の家柄だからである。ただし、「イギリスでは、土地所有者はもはや農業に必要ではなくなっている」という演説（「土地所有についてのマルクスの二つの演説」、一八六九年）を彼が記憶していたとすれば、驚きもしなかったであろうし、すべての地主は多かれ少なかれ差額地代の収得者であると思えば、一人で悲憤慷慨することもなかったであろう……。

急進的ブルジョワの土地国有化論にいち早く関心をもち、彼らの構想を「共産党宣言」に取り入れていたマルクスは、それを「矛盾に満ちたもの」と反省しながら、おのれの労働価値説の根底的矛盾に気付かなかったのであろうか。

「価値は労働である Wert ist Arbeit」なら、同量労働の産物は同一価値でなければならない。ところが、農産物では、同じ量の労働が優等地ではより多くの市場価格をもたらす。同量労働＝同一市場価値とはならない。「価値は労働である」というのは、価値の実体規定であるが、市場価格の価値規定からすれば、交換価値は労働ではない。そもそも交換価値とは、交換される商品によって表示される「価値形態」Wertform であり、他の商品を鏡 Wertspiegel として映し出された価値の姿、「相対的価値」relativer Wert である（*Das Kapital*, I, Kap.1, Sek.3）。つまり交換価値は価値の自己表示ではない。「価値は量である」といっても、価値と交換価値とは質的に異なる。両者に違いが無ければ、「同一の価値が異なる個別的価値となり」、「異なる個別的価値が同一市場価値となる」（「三位一体的定式」）わけがないし、「虚偽の社会的価値は市場価値の法則から生まれる」などとはいえない。それゆえ、また、価値の実体的基礎のない超過農産物＝超過利潤を剰余価値として説明するためには、交換価値を労働に結びつけなければならない。市場価格を生産価格に、生産価格を投下労働（社会的必要労働）に結びつける説明――工業労働者の農産物消費、したがって工業資本家の労賃支出＝工業部門から農業部門への剰余価値移転という筋立て――がそれに該当する。とはいえ、この説明は、差額地代を耕作者や消費者から地主への超過利潤の移転とするリカードウの論理をマルクスの言葉で敷衍しただけで、価値の実体規定を価値移転にすり替えたに過ぎない。

マルクス流にいえば、価値でないものは剰余価値ではありえない。「虚偽の社会的価値」とは、いわば、価値と交換価値との狭間に生まれた表現矛盾である。言い換えれば、無意識的かつ非意図的行為の結果たる農産物の市場価値=交換価値を、一方では資本主義経済の法則としながら、他方では、空想的未来社会——意識的・計画的共同社会——の視点から、虚偽としているのである。

矛盾の根本原因は、自然の労働を使用価値生産の領域に閉じ込め、価値生産から除外した——つまり、彼のリカードウ経済学批判が徹底的批判にならなかった——点にある。

五　人間労働と自然の労働

マルクスの「ゴータ綱領批判」のコンテクスト——すべての富（使用価値）の源泉は人間の労働と自然であるという視点——からすれば、社会的に必要な穀物収穫量を生産する労働の総量は、人間労働だけではなく、人間労働と自然の労働との総量ということになるはずである。なぜなら、富の源泉である自然は、単なる「貯蔵庫」ではないからである。そればかりではない。そもそも、自然の労働を使用価値の生産だけに限定する理論的根拠はない。農業とは、自然の労働を助ける人間の労働である。食品に加工するのは人間労働であるが、農産物そのものは、主として自然の労働の産物である。そして価値は、使用価値なしに価値ではありえない。使用価値と価値の峻別は、自然と人間の自然との差別であり、対象たる自然の蔑視である。当然、自然の労働を価値の実体規定に加えるべきである。「労働が自然によって制約されるという被制約性 Naturbedingtheit der Arbeit」こそは、労働者が生産手段の所有者の奴隷とならざるをえない最大の理由であるといい、分業や協業のような社会的労働を、労働者の「社会的自然力」gesellschaftliche Naturkräfte の発現とするマルクスの視点からすれば、自然的存在である人間の（個人的・社会的）自然力だけでなく、家畜や作物の自然力も、ともに労働力として、価値形成の実体的基礎とされなければならないであろう。

人間の労働と自然の労働を併せて広義の労働とすれば、「労働はすべての富の源泉ではない。自然もまた同じ程度に、使用価値の源泉である」と云い、「あらゆる労働手段と労働対象との第一の源泉たる自然に対して、初めから所有者として相対する……ブルジョワ的な云い方」を非難するマルクスの「ゴータ綱領批判」の立脚点の方が、反批判の対象になっていたであろう。

それだけではない。マルクスの未来社会像が、人間労働と自然の労働の両者を併せて社会的必要労働と見なすものになっていたとすれば、差額地代を「虚偽の社会的価値」とする意味も、より明確な資本主義批判になっていたはずである。彼のいう「虚偽」とは、人間労働にも土地および土壌の肥沃度にも基づいていないという意味であるが、土地や土地の豊度は価値を生産する労働主体ではない。労働するのは土地ではなく、家畜や作物であり、その意味では、「労働は質量的富の父で、大地は母」というウィリアム・ペティに対するマルクスの積極的評価は、間違いである。むしろ、「自然は人類の母 Nature, common mother of all」というロック（John Locke, *Two*

Treatises on Government, Bk.II, ch.5）を評価するべきであった。大地ではなく、「自然（の労働）は母」というべきであった。人間だけではなく、自然もまた労働する。使用価値の生産だけではなく、価値の生産において、人間は自然と共働する。未来社会は、優等地における労働に余分な支払いをしない代わりに、自然の労働に対して、然るべき支払いをすることになる。

資本主義社会は、自然の労働に対する支払いを、労働主体たる家畜や作物に対しては行わず、その所有者に対して行なう。工業資本家は、蒸気機械や発電機・電気機器等に支払いをしても、蒸気力や電力――自然力そのもの――に支払いはせず、自分の所有物として取り扱うだけでなく、家畜や作物等の生きている自然諸力を、農業資本家の所有物と見なす。彼らにとっては、生きている自然諸力が生み出す超過生産物と機械が生み出す超過生産物とは、等しく人間労働の産物であり、工業的超過利潤と農業的超過利潤は、量的に差はあっても、質的には同じ利潤である。協業として現れる労働者たちの社会的自然力（結合労働力）の生み出す剰余価値と同様、機械や家畜等の自然力に起因する剰余価値も、資本家に帰属する。その限りでは、工業資本家に「虚偽の社会的価値」意識は生じない。マルクスにおいても、工業部門での利潤率均等化を剰余価値の移転と捉える理論（いわゆる転形問題）には、価値からの乖離を虚偽とする認識はないし、プルードンのように「集合力」に対する不払いを不当とするわけでもない。

作物や家畜等の自然の労働を生産労働として人間労働に帰し、人間労働だけを価値生産の主体と見なす意識は、「一物一価」を法則化し、法則として容認するブルジョワ社会的意識であるばかりか、マルクスの認識でもある。「意識的で非意図的な社会的行為」、「交換価値＝市場価値の法則」から「虚偽の社会的価値」を導き出したのは、イギリス国民経済学ではなく、マルクスである（"falscher sozialer Wert" が、もしマルクスではなくエンゲルスの言葉なら、話は別であるが……）。

そもそも差額地代の「差額」とは、優等地と劣等地の収穫量の価額差を意味する国民経済学的用語である。価額で表示される収穫量の差を土地の等差に帰したのは、「自然の労働」の果実をすべて人間労働の産物とし、人間労働だけを価値とするイギリス国民経済学、とりわけリカードウである。

しかし、リカードウを「人間の否認を徹底的に遂行するもの」としたマルクスにも、アダム・スミスの差額地代論――差額地代を「自然諸力の産物」"the produce of those powers of nature" とみる視点は、全くない。マルクスは、リカードウを批判しながら、地代論において、結局はリカードウを超えられなかった。

差額地代の章（『資本論』Ⅲ第39章）は、「リカードウは次の所見において全く正しい」という言葉で始まる。その所見とは、「地代 rent は、常に、同じ量の資本および労働の投下によってえられる生産物量 produce の差である」という『経済学および課税の原理』の中の一節である。同面積の土地に同量の資本と労働を投下しても生産物の量に差が生じるということは、その余剰が人間労働の産物ではないということである。しかし、リカードウもマルクスも、そうはいわない。

差額地代の章末尾の補足部分において、マルクスは、アメリカ西部開拓の「略奪農業」について、次のように指摘する——

開拓者たちが安い農産物を大量に輸出できるのは、ニューヨーク州やミシガン州、カナダ等で「折半小作」share-cropping が存続できるのと理由は同じで、土地が肥沃だからではなく、「耕作者には殆ど費用がかからない」からである。草原を焼き払い、地表を浅く耕して種子を播くだけで、開墾も耕耘も施肥もしない。南部の棉作同様、安い農産物を売って、農具や綿製品等の工業製品を買う分業関係を、イギリス中心の世界市場が支えている——。

現代的表現をもってすれば、イギリスの「自由貿易の帝国主義」が生み出したもの、その一つが、アメリカ西部開拓地の大規模焼き畑農業であり、リービッヒのいわゆる「粗野な略奪農業」に他ならない、というわけである。

結論部分に問題があるのではない。略奪農業とは何かが問題なのである。

「土地の肥沃度にも労働生産性にも関係しない」ということは、アメリカ西部開拓地の農産物の収穫は、殆どすべて、「自然の労働」の結果であって、人間労働の産物ではないというに等しい。しかしマルクスは、そのようには云わない。スミス的「自然の労働」が完全に無視されるリカードウの所見を「全く正しい」というマルクスからすれば、当然であり、その意味では首尾一貫しているのである。

家畜や作物は、人間の所有物となった自然に他ならない。土地の等差とは、作物（植物）が摂取出来る土壌成分の差であり、収穫とは、作物の主体的活動——自然の労働——の果実である。

耕耘、播種、施肥、土地改良等の人間労働が収穫の量的・質的増大をもたらすのは、作物の栄養分の摂取＝生育を助けるからである。しかも、リービッヒの植物栄養学――「最小養分の法則」Gesetz des Minimums――によれば、施肥が収穫を増大させるのは、肥料とともに他の植物栄養素の摂取が増大するからである。マルクスの資本制農業批判にリービッヒが引用されるのは、「洗練された略奪農業」の技術的基礎としての肥料学に対する批判までであった。地代論の中に、スミスの卓見を導入し、リービッヒの植物栄養学を取り込んで、人間および作物・家畜の自然諸力の発現である二つの労働――人間と自然との共働――の地代論として批判的に再構成することは、「ゴータ綱領批判」の主旨に沿い、マルクスの遺志に従う作業となるであろう。しかし、その作業は、労働過程論を含む生産過程論に、価値論さらに商品論にも波及する。

『資本論』的地代論の解釈学に止まらずに、マルクスの果たせなかった意図を新たな地代論体系として構築することは、一九世紀末大不況を「生産的に消費」する研究、および、地代論的土地所有論から脱却して、「諸関係の単純化」のために捨象された土地所有の歴史的・法律的実態を解明する研究とともに、後進に課せられた任務であろう（注）。

（注）やすいゆたか『「資本論」の人間観の限界――マルクス物神性論批判』、とくに巻末の「人間的自然の価値産出」参照。

マルクスの云う「人類全体といえども自然の所有者ではない」という意識は、自然の上に人間を置き、人間の上に人間を置く限り、到達しえない高い意識である。差額地代の否定と虚偽の社会的価値の消滅を直結させるだけの未来社会像には、自然の労働に対する社会的「計画」が欠落しており、その限りでは、人間が依然として自然の支配者である。人間が自然の一部分、自然が人間の仲間なら、人は仲間を売ってはいけないし、いわんや殺してはいけない。しかしながら、人間が生きるということは、自然の生命を奪い、日毎のパンとすることである。生命の糧を我が物とし、備蓄することである。そればかりか、人間および人間のための動植物に有害な病害虫や微生物等を絶滅させることでもある。動植物の絶滅種や絶滅危惧種の増大は、人間の経済活動・環境破壊の結果であり、人類生存の危機の始まりである。リカードウの云ったように、「気前よく、無償で恵みを与える自然」は、実は無尽蔵でも不死身でもない。リービッヒの予言どおり、「大きな財布も、中身を取り出すだけでは、いつかは空になる」時が来たのである。

どこまでが人類の仲間で、どこからが外敵なのか、そもそも人類の長寿、人口増大は、いつまでも自然のバランスを維持出来るのかどうか、究極的エコ・システムとはどのようなものなのかは、まだ誰にもわからない。しかし、グローバル化した資本主義の中で、危機意識は環境保全をグローバル化しつつある。旧社会主義諸国の解体と共に、インターナショナリズムも崩壊し、社会主義的労働組合の弱体化が進行する一方、市民レヴェルの未来社会の先取りが、確実に始まっている。食料農産物の生産者直売・直送等は、「都市と農村を広い道路で結ぶ」といったエンゲルスの未来社会像を超えて、様々な形で普及している。農村と都市の直結が、双方の要求となり、疎遠な商品世界の陰に隠れて見えなかった農業生産過程が見えるようになる。いわゆる「産直」は、「無意識的かつ非意図的な社会的行為」としての商品市場を排除することによって、「抽象的人間労働」を無意味なものとする。具体的労働が脚光を浴びて表舞台に再登場する。生産者と消費者は互いに近づき、小商品生産時代の顧客販売に似た様相をも呈する。工業製品の場合でも――大量生産部門は別として――生産と消費の直結は、限界があるにしても、進まざるを得ない。商品の生産過程表示（生産者名、原料、添加物、使用薬品等の明記）や使用価値保証（品質保証、使用期限、返品手続き等の記載）等々は、現に進んでいる。

それとともに、人類の環境保全――大気、海洋・河川・湖沼、森林の保全や動植物保護活動――が地球的規模で広がっている。起動力は危機意識に基づく市民的連帯意識である。

六　人間と自然の解放

より高度の社会構成が「経済的社会構成」を意味し、或いは「階級の消滅」を意味するだけなら、そこから真の人間意識を導き出そうと試みるのは、未来社会の「基底還元論」であろう。マルクスがいうように、賃労働者が「生産物を彼自身のものとして認識すること、その現実化の諸条件からの分離を不法なもの、強制されたものとして判断すること――これはたいへんな意識 ein enormes Bewußtsein である」（『経済学批判要項』Ⅲ、三九八―三九九）にしても、それが「資本制生産の自然過程的必然性をもって、《否定の否定》を生み出す」（『資本論』Ⅰ第二四章末尾）わけではないし、いわんや「たいへんな意識」の「骨化」Ossifikation（＝Verknöcherung 利己主義化）は、新しい社会への展望を与えない。

否定は創造ではない。「生産物を自分のものと認識する」意識は、「自分のもの」ではなく、自分と隣人と自然との協働の産物と認識する意識へと変わらなければならない。「他者と共に生きる」意識へと生まれ変わらなければならない。そしてさらに、自然と共に生きる意識へと拡大されなければならない。もちろん、変革の意識は、「貧困、抑圧、搾取の増大」にも拘わらず、「畸形化」されない人間の自然＝変えられない本性を前提とする。変えられない本性は、反逆する精神である。精神がなければ、人間ではない。しかし、階級的意識の変革――階級的自己愛の人類愛への普遍化――のためには、まず、他者を自分よりも優れた人間として敬愛し、他者のために他者と共に苦しむ精神が無ければならないことぐらいは、容易に想像できる。少なくとも「少数者の自由」（ローザ・ルクセンブルグのいう"Freiheit des Anderesdenkenden"）に対する配慮が不可欠であることは、自明である。

家畜や作物を労働手段、労働対象――「もの云わぬ道具」instrumentum mutum――と見るのではなく、共に働く自然の声なき声に耳を傾けることは、それにもまして重要である。他者とりわけ少数者や弱者に対する配慮が、人間らしい生活の社会的条件であるように、自然、なかんずく生きている自然への配慮は、「人間生活の永久的自然条件」の維持に不可欠であるばかりか、自然の解放＝自然の人間からの解放に不可欠である。「労働それ自体が第一の生命欲求となる」（『資本論』Ⅲ／2、九九五）に止まらず、生きている自然は、人間労働の手段・対象ではなく、協働する主体とされなければならないであろう。そうでなければ、「自然諸力に対する人間の支配」（『要綱』Ⅲ、四二一）は変わらないし、「人間と自然の解放」は完成されないからである。

マルクスの未来社会像は、そのようなものにはなっていない。弱者への思いやり、自然に対する配慮が欠けている。労働が「第一の生命欲求」das erste Lebensbedürfnis になっても、労働主体の「必要」に様々な個人差がある以上、より多く働き、より少なく受け取る強者と、より少なく働き、より多く受け取る弱者は存在する。存続するどころか、個性の伸長が生産諸力の発展である社会においては、個人差は拡大する。分業はなくなるどころか、ますます複雑化し、国境や民族を超えてグローバル化する。実質的不平等を平等と見なす意識的・計画的共同社会は、実質的不平等――弱者の少労働多報酬――を実践的に拡大する。弱者に対する愛、自然界の弱者である家畜や作物等、生きている自然への配慮がなければ、生産諸力（人間の社会的自然力および家畜や作物の自然力）の発展はないし、不平等負担（弱者保護）は成り立たない。「手工業者、小製造業者、農民に向かって、反動者呼ばわりしたことがあるだろうか」といっても、同じ趣旨のことは、マルクスの著述にしばしば出て来る。「動物も自然権をもっている」といい、「自然もまた労働と同じ程度に使用価値の源泉である」といいながら、マルクスは、自然を置き去りにして、労働者の階級的解放を基盤にする人間解放論を展開したのである。

彼は、「社会民主労働者党」結成のための「ゴータ綱領草案」が掲げる「国際的兄弟愛結合」internationale Völkerverbrüderung をブルジョワ的なものと批判した。「階級的特典や特権ではなく、平等な権利と義務を目的とし、あらゆる階級支配の廃絶を目的とする」社会民主主義に、プロレタリアート独裁 "Diktatur" を対置した。

自立的農民や手工業者の解放に否定的なマルクスは、協同組合的社会主義に――したがってまた、民主主義的（"volksherrschaftlich"）共和制に――否定的であると同時に、キリスト教的社会主義に対しても、否定的である。マルクスの階級闘争史観においては、「共通の敵」に対する団結があるだけであって、独自の連帯の原理がない。しいていうならば、マルクス主義思想が団結と連帯の原理である。それが、非マルクス主義的な社会主義諸党派との連帯に対する消極性となり、その思想の反宗教性が、キリスト教の超階級的隣人愛思想に対する否定的立場となる。

「共通の敵」が存在しなくなると、連帯の原理の欠落が明らかになる。彼の未来社会構想が、弱者に対する兄弟愛や自然に対する配慮を基調とする「人間と自然の解放」論にならなかったのは、彼の類的存在の類意識――連帯の原理――の把握に欠陥があったからである。

「公民 citoyen としての人間ではなく、ブルジョワ（利己的な人 homme）としての人間が、本来の、真の人間だと受け取られたこと」をフランス革命の人権宣言の「謎」と云った（「ユダヤ人問題によせて」城塚登訳、四六―四七）とき、マルクスは、「類的生活そのものである社会」＝都市（Stadt, cité, city）から自由な、義務を伴う市民権とは無縁な市民を想定し、利己的「個々人」homme, bourgeois, Bürger という言葉で表現した。しかも、特定都市の市民 Stadtbürger, citoyen, citizen ではなく、そのような利己的・モナド的（アトム的）な個々人を「現実の人間」として把握し、「抽象的な公民 Staatsbürger」に対置した。トマス・ペインの著書『人の権利』*The Rights of Man*（1791）とは異なり、一七八九年以来――九一年の憲法を含め――一貫して「人および市民の権利」Droits de l'Homme et du Citoyen と明記されていた宣言から、「市民」を除外し、「人の権利」だけにした。そればかりか、「自由・平等・友愛」のうちの「友愛」fraternité を度外視した。「友愛（博愛）」が人の権利に属さない――倫理或いは義務に属する――概念である限りでは、「人と市民の権利宣言」に出て来ないのは、当然である。しかし、自由・平等は「他人の助け、友愛なしには、達成されない」On ne peut y atteindre sans le secours des autres homes, sans la fraternité（Dupont, 1834）。九三年の「宣言」には、ロベスピエール草案にあった「友愛」の文言は削除されたとはいえ、「自分の欲せざることを他人に行うべからず」という新たな文言が付け加えられたし、九五年の「人と市民の権利および義務（devoirs）宣言」（同年の憲法前文）では、さらに、「自分がしてもらいたいことを他人に行うべし」という文言が追加された（Devoirs: Art.2）ばかりか、「良き子、良き親、良き兄弟、良き友、良き配偶者にあらざれば、良き市民 citoyen たり得ず」という条文（Art.4）までもが盛り込まれた。

「自由・平等・友愛（博愛）」のモットーは、三色旗とともに、フランス革命に由来する。「隣人、共同体から切り離された利己的人間」が「利己主義を断罪」し、「英雄的献身によって国民の様々な成員間の障壁を粉砕」した（「ユダヤ人問題によせて」四六）のであれば、確かに「謎」であり、矛盾であろう。しかしながら、「生来の侵すべからざる人権 les droits naturels et imprescriptibles de l'homme」を蹂躙する絶対王政・封建領主制を廃止し、圧制者の利己主義を断罪したのは、ばらばらな利己的諸個人ではなく、モンタニャールや、ジャコバンやサンキュロット諸派であり、彼ら革命勢力の連帯である。「人権宣言」はその革命の結果である。しかも、「宣言」によれば、圧制からの個々人の自由を護る「公権力」force publique と行政制度は、市民の納税 contribution commune（"Déclaration", 1789: Art.12-14）によって維持されるだけでなく、他の社会構成員 autres membres de la société の諸権利を保障し（Art.4）、「市民的秩序」l'ordre publique（Art.10）を守るのも、市民の義務である。その新しい結合社会のモットー、「政治共同体」＝共和制の「紐帯」が「友愛（博愛）」であったといっても過言ではない。その紐帯を無視し、citoyen を Staatsbürger へと読み換えた若きヘーゲリアンは、やがてロンドン亡命中にベルリン市民権獲得申請をするマルクスであり、労働者に「団結せよ」と演説する「市民 citizen マルクス」である（注）。

（注）一八六一年、マルクスはラサールの勧めに応じ、大赦令適用申請のためベルリンに出向いたが、市民権回復手続きの結果は不認可に終わった。「土地所有についてのマルクスの二つの演説」その他では、「市民（citizen）マルクスはこう述べた……」とあるだけではなく、マルクス自身も、同僚を「市民ウェストン……」等と呼んでいる（一八六九年総評議会議事録）。恐らく、フランス革命参加者たちが、

互いに「市民（citoyen）……」と呼び合っていたのを念頭においていたものと思われる。

フランス革命の「人権宣言」をマルクスが「謎」としたことこそ、謎というべきである。とはいえ、その謎は簡単に解ける。市民＝公民の公的性格を捨象すれば私人になる。「自然的必要、欲求と私利、財産と利己的人身の保全」を「唯一の紐帯」（同上）とする社会＝ゲゼルシャフトを結合社会＝ゲマインシャフトに対立させ、宗教すらもが「もはや共同性 Gemeinschaft の本質ではなく、差別の本質 das Wesen des Unterschieds」（Zur Judenfrage, MEW, Bd.I-356）であるとするなら、ブルジョワ社会が利己的個々人へと分散するのは、理の当然である。商品交換過程の背後にある生産過程を捨象すれば、社会は「商品交換のみによって結ばれる」利己的諸個人の集団——「膨大な商品の集積」の人間化、二本の足で立つ商品——となる。貧しい市民から市民権を取り去れば、「無保護 vogelfrei なプロレタリアート」になるのと同じ理屈である。

「キリスト教の浄福利己主義」（同上六六）が、仮に特定宗派の「共同性の本質」であったとしても、隣人愛の欠如は、その宗派をキリスト教から区別する「差別の本質」である。「浄福利己主義」をキリスト教全体のものとするわけにはいかない。いわんや「アトム的個々人の世界＝市民社会」の「完成」をキリスト教——隣人愛の掟、互いに愛し合う新しい掟に従う宗教集団——に帰する（同上六五）わけにはいかない。

「自然的必要、欲求、私利、財産と人身の保全」目的を「紐帯」とするばらばらな利己的個々人の集団とは、資本制生産様式から切り離されたブルジョワ社会に過ぎない。ブルジョワ社会の土台をなす資本制生産様式は、工場（および農場）内分業・協業という横の結合と資本家の命令・監督という縦の結合の統一体＝企業体である。「工場《こうば》」atelier（workshop）を「社会の構成単位」l'unité constitutive de la société と見なすプルードンは、「社員」associés たる労働者の個別賃金に上乗せされた、「集合力」force collective への追加支払いを社会的正義とした。しかし、『哲学の貧困』のマルクスは、その主張には着目せず、個別賃金の引き上げ――「互いに見知らぬ者の集団 agglomère」（＝工場内労働者）が「競争をやめ」、「団結」coalition（combination）によって行う賃上げ――の正当性だけを主張している（Proudhon, *Philosophie de la Misère*, ch.V-3, VI-2; Marx, *Misère de la Philosophie*, II-5）。『資本論』では、プルードンの「集合力」概念の曖昧さを指摘し、「部分労働者たちの主体的結合」はマニュファクチャーに特有のもので、工場制工業においては、「部分機械に仕える部分労働者たち」の「共同労働」gemeinsame Arbeit は「機械そのものの本性によって命じられた技術的必然」であるとしている（*Kapital*, I, 403-404, 443-445）。彼の理解では、ばらばらな個々人、異なる組合の主体的結合は「連帯」association であり、「集合力」となるが、主体性なき結合は、命令に従う「従属せしめられた集団力 Massenkraft」に過ぎない。『哲学の貧困』では、「競争 concurrence と連帯 association とは対立概念ではない」というプルードン説を受け容れたかのように、ブルジョワ社会を「競争に立脚するアソシアシオン」（*Misère*, p. 100）といい、団結（組合結成）以前の労働者の結合もアソシアシオン（p. 115）としている。つまり、団結して競争を排除する労働組合以外――中小生産者の組合ばかりか、ブルジョワ社会そのものから、階級廃絶後の未来社会に至るすべての結合――が、アソシアシオン＝連帯なのである。「団結」は「連帯」ではない（注）。

（注）マルクス・プルードン問題については、さし当たり、佐藤茂行『プルードン研究――相互主義と経済学』、津島陽子『マルクスとプルードン』、河野健二『もう一つの社会主義・マルクス・プルードン問題の再審』、および、『現代思想』一九七七・七「特集＝プルードンと現代」参照。

資本主義社会には、資本家的企業や企業連合とともに、それらに対立的かつ補完的な、様々な「コレクティヴィズム」Collectivism 的組織――農民や手工業者の生産者協同組合や販売・購買協同組合、友愛団体、労働者団体等々――が併存する。それらは、いわば類の歴史的諸形態であり、その総体が資本主義的社会構成体である。類の歴史的諸形態には類の本性 Gattungswesen が隠れている（注）。

（注）ここでいう「類の本性」Gattungswesen とは、フォイエルバッハ的・マルクス的概念そのもの――或いは、人（ヒト）の類概念に他ならない人類――ではない。マルクスの云う「本来の、真の人間」――「抽象的公民」などのためではなく、現実の国民 Staatsbürger を国王・封建領主の苛斂誅求から解

放するために、「市民社会のあらゆる利益を犠牲」にした「英雄的献身」(「ユダヤ人問題によせて」四六―四七)に示されるような、市民 citoyen 的連帯の絆、友愛(隣人愛)を紐帯とする類的存在――のことである。

なお、山之内靖『受苦者のまなざし』(特に第三章)を併せて参照。

連帯の思想なき類は原始共同体に等しい。マルクス主義的労働組合といえども、人間解放が視野になければ、セクト的エゴイズム集団である。それを農民団体や手工業者の団体等々から区別する根拠はない。本質的に同じものを区別するのは差別である。自分一人を「超人」とし、他者を「群居動物 Herdentier」的な「弱者の利己主義」集団(ニーチェ)というのと大差はない。群居動物も弱い仲間を助ける。互助組合や友愛団体等は、それとは異なる近代的人間の集団組織である。いかに未熟かつ不完全であろうとも、社会的・意識的人間の類的本性の現れ、類の近代的諸形態であるには違いない。

そのような類の近代的諸形態に対するマルクスの消極的評価は、生産者の「解放」(＝生産手段の「個人的所有」)が「普遍的現象であったことは一度もない」ばかりでなく、今後においてもあり得ないという彼の信念に基づく(注)。プロレタリアートの解放は人間解放に普遍化されるが、農民や手工業者たちの解放は、彼ら自身の解放に止まるという確信である。生産手段の集団的所有を基盤とする賃労働者解放が人間解放につながるというマルクスの楽観論の裏返しが、彼の農民に対する消極的評価なのである（「ヴェラ・ザスーリッチへの手紙」に見られるミール共同体的土地共有に対する積極的評価も、分割地農的所有の否定に他ならない）。マルクスが彼の楽観論の欠陥（確証なき確信）に気付いていたなら、その後の世界の歴史も変わっていたに違いない。

（注）「フランス労働党の綱領前文」（『全集』一九、二三四）。なお、椎名編著『土地公有の史的研究』I、『団体主義《コレクティヴィズム》・その組織と原理』序論、および、『ファミリー・ファームの比較史的研究』総論を参照。

対立を明確にするには、対立するもの以外を度外視する必要がある。「諸関係の単純化」は、理論のレヴェルでは捨象に過ぎないが、政治的実践のレヴェルでは、多数派（主流派）の独裁、反対者の弾圧・粛清となる。特定の政治的信条による団結は、異なる意見の容認を前提とする連帯を排除する。「コミュニストの信仰告白」Communist Confession of Faith（Credo）〔1847〕が「コミュニスト宣言」Communist Manifesto〔1848〕に変わり、教義問答 catechism 形式が姿を消しても、団結は一体化（Vereinigt euch!）であり、異なる信条のショーヴィニズム的差別であることに変わりはない。差別は本質を見失う。「ユダヤ人問題によせて」のマルクス自身の言葉を用いるなら、「差別の本質」das Wesen des Unterschieds となった党派は、もはや「共同性の本質」das Wesen der Gemeinschaft ではない。

階級対立をはじめ、マルクスの対立的概念構成には、しばしば、その消極面が見え隠れする。

彼が「ゴータ綱領草案」の「兄弟愛結合」Verbrüderung を厳しく批判したときにも、同じことがいえる。

特定の宗教に媒介されない博愛思想——非キリスト教的隣人愛、非仏教的動物愛——が、意識的・計画的共同社会における個々人の連帯、生産諸力の発展に不可欠であるのは自明である。働く者が、「個体的な人間 der individuelle Mensch でありながら、類的存在となり、彼の固有の力 forces propres を社会的な力として組織」（「ユダヤ人問題によせて」五三）するためには、それが不可欠である。「豊かな個性」が意識的・計画的共同社会に結集するためには、「現実の個体的人間が、抽象的な公民 Staatsbürger を自分の中に取り戻す」（同上）のではなく、「たいへんな意識」に愛を加え、個性＝個体意識を他者と結合する連帯意識＝同情 Mitleiden（共苦意識）へと転換させなければならない。労働者の団結を強調するマルクスが、小異を捨てて大同につく連帯を説かなかったのは——彼が宗教にこだわっていたせいではないとすれば——、未来社会のグローバルな連帯意識を超歴史的な「類の本性」に内在するものとし、いわば類の本性の「絶対矛盾的自己同一」（西田幾多郎）＝「個即類」の弁証法的発展を歴史的必然と考えていたからではなかろうか。「諸関係を人間そのものへ復帰させる」という初期マルクスの人類解放論は、階級の消滅が類的本性の全面的開花、人間解放につながるという後期マルクスの思想に通底する。宗教の消滅といい、階級の消滅という基底還元論には、連帯の思想は無縁である。弱者への思いやり、共存・共苦の思想が、彼の階級闘争史観の陰に隠れて見えなくなったのではなく、彼には欠如していたといわざるを得ない。それは、思うに、キリスト教とともに隣人愛の思想そのものを否定した結果である。そしてまた、マルクスの「人間と自然の解放」論の欠陥でもある。マルクスの幼い娘たちに「エンジェルの Engels おじ様」がいたように、市民には隣人がいて、多かれ少なかれ、互いに助け合って生きる。マルクスが引き合いに出す人間解放思想の先駆者たちの多くは、聖書によって現実社会を批判した。「私的所有と貨幣の支配のもとで得られる自然観は、自然に対する現実的蔑視、実際上の格下げ」というマルクスが引き合いに出したミュンツァーは、「被造物もまた解放されなければならない」という言葉を残した。フランス革命の「人権宣言」(一七八九年)にしても、その前文にあるように、「最高存在の前において、その庇護のもとに en presence et sous les auspices de l'Etre Suprême」、「神聖にして侵すべからざる自然権」の宣言が行われた。マルクスが高く評価したフォイエルバッハには、生涯こだわり続けたルターがおり、リービッヒのベッドサイドには、聖書があった。宗教から自らを解放したマルクスは、人間を、したがってまた人間としての自分自身を、最高存在とした。

未来社会は、何世代にも亘る長い苦難の歴史の先にある。それどころか、マルクス主義的コミュニズム諸国家の崩壊、資本主義のグローバリゼイションと共に、社会主義的未来社会構想も、影が薄くなった。しかし、未来社会の展望がなければ、夢も希望もないではないか。

未来社会は、極楽でもなければ、天国でもない。プルードン流にいえば、「平等、連帯、労働、愛によって姿を変えた人間性 humanité transfigurée par l'égalité, la solidarité, le travail et l'amour」をもって未来社会像を構成することは、「〔神学的〕神の否定によって〔人間学的〕神を復活させること」に他ならないし、「神的自分 moi divin (=le moi collectif) と人的自分 moi homme との闘いの終結」を予想(空想)することである (Proudhon, op. cit., 430-433)。フォイエルバッハの表現によれば、「悩みのない存在は存在のない存在」である(『将来の哲学の根本命題』、岩波文庫、一一〇)。未来社会の類的意識は、人類としての同一性だけではなく、性差や民族性や個人の能力の差を念頭に置く個性の意識であり、自分と異なる他者の人格を尊重する人格意識である。尊重は愛を伴う。成員同士が互いに愛し合うのでなければ、共同社会ではない。フォイエルバッハの言葉をかりれば、「他人のための生、人類のための生、普遍的目的のための生」は愛であり、「神の人間化」としての「人間の人間に対する」「やむにやまれぬ隣人愛」である(「ルターの意味における信仰の本質」、桑山政道訳、ブラントホルスト『ルターの継承と市民的解放』二三八—二四一)。

そのような共苦意識は、人間と協働する家畜等にも拡大され、生きている作物にも適用されねばならない。マルクスがいうように、人間だけでなく「動物〔および植物〕も自然権をもっている」(「土地国有について」、『全集』一六、五五七—五五八) からには、未来社会においては、「能力に応じて働き、必要に応じて受け取る」原則は、家畜や作物にも及ぶものとならねばならないであろう。作物が土壌から吸収した栄養素は、人間の手によって、すべて元の土地に返されねばならない。たとえば、人間や家畜が消費した麦の栄養素は、それ相応の肥料として、麦藁はそのまま或いは厩堆肥として、翌年の麦作に施されねばならない。それが、作物の労働に対する最低限の支払いである。優等地における労働への「余分な支払い」は無くなり、作物（および家畜）の労働への支払いとなる。それは、言い換えれば、リービッヒのいう地球的規模の「物質代謝」Stoffwechsel＝「一大循環」ein großer Kreislauf を維持する農業である。それこそは、人間労働だけではなく、人間および作物や家畜の労働がともに価値であるような意識的・計画的共同社会の特質――無意識的で非意図的な交換価値の法則が合理的である資本主義社会との決定的な相異点、資本主義から抜け出たばかりの新しい社会＝人間が働きに応じて給付を受け取る等価交換社会との違い――となる。弱者や家畜や作物をいたわる協働（＝共苦）の普遍化が、拡大された「集合力」として生産諸力の発展をもたらすとき、人類の生命の源――空気、水、食料の源、心の癒しの源――としての自然＝生きている大地は、「人間環境」以上のものとなる。

増補新装版へのあとがき

『農学の思想――マルクスとリービッヒ』は、多くの方々からご高評を頂いた。また、各方面の研究会や合評会等に招かれ、疑問点の指摘や批評を頂いた。当然のことながら、手厳しい批判も含まれていた。特に、マルクスに対する批判はないのか、あるとすれば、残された問題点は何か、という問いは、いつかまとめて書き加える必要があるものとして、長い間、私の頭の中にこびりついていた。

旧著出版以後、マルクスの自然概念について執筆したもの――「マルクスの自然観」（『経済セミナー』別冊、一九八三年）、『マルクスの自然と宗教』（一九八四年）その他――においても、その懸案事項は、殆ど取り込まれなかった。

そのことを、旧著の出版に当たってお世話になった東京大学出版会の元専務理事渡邊勲氏に話したのがきっかけで、この新装版の補論――「マルクスの自然概念・再考」――が、日の目をみることになった。

問題の焦点は、マルクスの自然概念に欠落している部分にある。マルクスのばあい、人間と自然の物質代謝を媒介する要は、人間の労働である。労働過程は、もっぱら人間の労働過程として考察され、農作物や家畜は、人間の労働対象・労働手段と見なされる。リービッヒのばあい、彼のいう地球的規模の物質循環――無機質的土地と有機質的自然との物質代謝――は、「人間がいなくても存続する自然的過程」であり、その要は植物である。アダム・スミスの云う「自然の労働」を完全に否定したマルクスは、リービッヒを高く評価しながら、結局は彼の植物栄養学――植物の主体的活動――を、労働過程論――人間による農作物や家畜の自然の統御――に置き換えたといっても、過言ではない。

なぜそうなったのか――その問いは、「人間と自然の解放」を念頭に置きながら、マルクスの未来社会構想の中に自然の位置づけがないのはなぜか、という問いに通じる。

マルクスは、未来社会における「虚偽の社会的価値」(差額地代)の消滅をいいながら、プルードンの「集合力」force collective 論――協業すなわちマルクスのいわゆる「人間の社会的自然力」が生み出す価値を資本家のものとする経済学に対するプルードンの批判――には冷淡で、相対的剰余価値の枠内に閉じ込め、未来社会構想の中に積極的に展開しない。労働の産物ではない自然の産物を「純然たる使用価値」すなわち「人間の支配に服する物の範疇」に格下げする経済学に対する彼の批判にも、着目しない。「隣人と自然が敵対的な力 puissances hostiles ではなくなり」、「労働と献身 le travail et le dévouement が最高の喜びとなる」とき、隣人愛は、聖人だけではなく「人間の規範 la loi de l'homme となる」というプルードンの見解〔これは必ずしも彼の未来社会像を意味しない。彼にとっては、「連帯 association は人間の個人的(利己的)本性の補足条項」なのであり、対立と連帯とは、相互補完的な関係として永遠に続くのであって、時代を画するものではない」にも、言及しない。

「自然もまた労働と同じ程度に ebensosehr als die Arbeit 使用価値の源泉である」というが、マルクスにおいては、価値の源泉はもっぱら人間労働であって、生きている自然の労働が生み出すものは使用価値だけである。「人類全体といえども、自然の所有者ではない」といっても、自然の所有を否定するだけで、自然に対してどのように向き合うべきなのか、自然の「正しい取り扱い」とは如何なるものかは、何も明らかにされない。

人間解放についても、同じことがいえる。生産者と生産手段との集団的結合が人間解放の条件であるというにしても、普遍的人間解放につながるのは、プロレタリアートの解放とプロレタリアート独裁だけとされる。あたかも、自然の所有を否定し、生産手段の私的所有を否定しさえすれば、「人類と自然の解放」が実現されるかのように読み取れる。マルクスのいう団結は連帯ではないし、独裁 Diktatur は階級対立の否定ではない。自然の統御と階級的独裁には、同じ原理＝支配の原理があるだけで、結合・連帯の原理がない。連帯がマルクスのいう「人間の自然・類的本性」に内在するものであるなら、彼のいう「意識的・計画的共同社会 *Assoziation*」とは、新生ではなく復活——人間本性の中に想定されていた人間学的神性の再生——であろう。

人間の解放は、人間の個人的・社会的自然諸力の解放にとどまらず、生きている自然諸力＝動物や植物の解放を伴うものでなければならない。人間と自然の解放は、生産手段と自然の所有を廃止し、階級を消滅させるだけで終わるのではなく、自然的・意識的・社会的存在として異なる人間相互、人間と自然との新たな結合＝連帯によって達成される。そのとき家畜や作物は、「我々の犠牲 martyrs pour nous」（Proudhon, *op. cit.* 394）ではなく、敬愛すべき愚直な働き者——未来社会の「ヘンリー・ダブ Henry Dubb」（拙著『プロテスタンティズムと資本主義』および『カリタスとアモール』参照）——となるであろう。

「補論」で私が意図したところを一口でいえば、マルクスの自然概念のマルクス的批判であり、補完である。勿論、私流儀の批判・補完であり、私なりのけじめの付け方である。

最後に、この増補新装版のために御尽力下さった渡邊勲氏および、山本徹氏に、心から御礼を申し上げたい。

二〇一四年六月

椎名重明（八十八歳）

著者略歴
1925 年　茨城県に生れる
1952 年　東京大学農学部農業経済学科卒業
1962 年　農学博士
立正大学経済学部教授をへて，東京大学農学部教授などを歴任
現　在　東京大学名誉教授

主要著書
『イギリス産業革命期の農業構造』（御茶の水書房，1962 年）
『近代的土地所有――その歴史と理論』（東京大学出版会，1973 年）
『プロテスタンティズムと資本主義――ウェーバー・テーゼの宗教史的批判』（東京大学出版会，1996 年）
『カリタスとアモール――隣人愛と自己愛』（御茶の水書房，2013 年）

増補新装版 農学の思想
――マルクスとリービヒ　　UP コレクション

1976 年 10 月 1 日　初　版　第 1 刷
2014 年 9 月 25 日　増補新装版　第 1 刷

〔検印廃止〕

著　者　椎名《しいな》重明《しげあき》
発行所　一般財団法人　東京大学出版会
代表者　渡辺　浩
153-0041 東京都目黒区駒場 4-5-29
電話 03-6407-1069　Fax 03-6407-1991
振替 00160-6-59964
印刷所　大日本法令印刷株式会社
製本所　誠製本株式会社

ISBN 978-4-13-006525-2　Printed in Japan

「UPコレクション」刊行にあたって

学問の最先端における変化のスピードは、現代においてさらに増すばかりです。日進月歩（あるいはそれ以上）のイメージが強い物理学や化学などの自然科学だけでなく、社会科学、人文科学に至るまで、次々と新たな知見が生み出され、数か月後にはそれまでとは違う地平が広がっていることもめずらしくありません。

その一方で、学問には変わらないものも確実に存在します。それは過去の人間が積み重ねてきた膨大な地層ともいうべきもの、「古典」という姿で私たちの前に現れる成果です。

日々、めまぐるしく情報が流通するなかで、なぜ人びとは古典を大切にするのか。それは、この変わらないものが、新たに変わるためのヒントをつねに提供し、まだ見ぬ世界へ私たちを誘ってくれるからではないでしょうか。このダイナミズムは、学問の場でもっとも顕著にみられるものだと思います。

このたび東京大学出版会は、「UPコレクション」と題し、学問の場から、新たなものの見方・考え方を呼び起こしてくれる、古典としての評価の高い著作を新装復刊いたします。

「UPコレクション」の一冊一冊が、読者の皆さまにとって、学問への導きの書となり、また、これまで当然のこととしていた世界への認識を揺さぶるものになるでしょう。そうした刺激的な書物を生み出しつづけること、それが大学出版の役割だと考えています。

一般財団法人　東京大学出版会